1 Wissen

2 Ausrüstung

3 Beobachtung

4 Objekte

Wissen

1 Und sie dreht sich doch

Tagtäglich können wir ein elementares Naturschauspiel am Himmel beobachten: Die Sonne geht im Osten auf, erreicht ihren höchsten Stand im Süden und geht am Abend im Westen unter. Nach Sonnenuntergang folgen die Sterne und Planeten, die den gleichen Weg am Firmament beschreiben.

Falsch gedacht

Dieser Lauf der Gestirne gaukelt dem Beobachter vor, dass die Erde im Mittelpunkt steht und sich alles um sie dreht. In Wirklichkeit stehen Sonne und Sterne jedoch praktisch still. Ihr täglicher Lauf am Himmel von Ost nach West wird allein durch die Drehung der Erde um ihre Rotationsachse verursacht.

Zeit der Sonne

Die scheinbare Bewegung der Sonne am Himmel ist seit jeher ein natürlicher Zeitmesser für den Menschen. Die Zeitspanne zwischen zwei Höchstständen der Sonne an einem bestimmten Standort wird *wahrer Sonnentag* genannt. Da sich die Erde auf ihrer Bahn um die Sonne jedoch nicht gleichmäßig schnell bewegt, läuft auch die Sonne unterschiedlich schnell über den Himmel. Daher geht die *wahre Sonnenzeit* im Bezug zu unserer alltäglichen Uhrzeit zu manchen Zeiten vor und zu anderen Zeiten nach. Damit wir nicht ständig unsere Uhren nachstellen müssen, ist unsere Uhrzeit eine Durchschnittszeit aus diesen Schwankungen. Eine Sonnenuhr dagegen zeigt immer die wahre Sonnenzeit an.

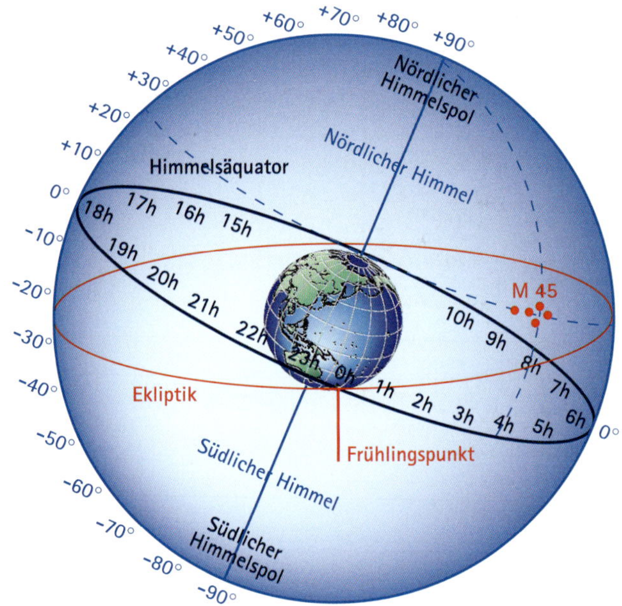

Das Äquatorsystem ist ähnlich dem irdischen System mit Längen- und Breitengraden aufgebaut. Der nördliche und südliche Himmelspol haben +90° bzw –90° Breite, der Himmelsäquator hat 0°. Der Nullpunkt der Längengrade liegt beim Schnittpunkt der Ekliptik mit dem Himmelsäquator, den die Sonne zu Frühlingsbeginn von Süd nach Nord durchläuft. Die Plejaden M 45 z.B. liegen etwa am Schnittpunkt der Koordinaten 4^h und +24°.

Bei dieser Strichspuraufnahme ziehen die Sterne bei insgesamt etwa 60 Minuten Belichtungszeit schon lange Spuren. Diese sind am Himmelspol (mitte oben im Bild) am kürzesten und werden mit zunehmendem Abstand davon immer länger.

Leichte Schieflage

Die Erde rotiert in einer leichten Schieflage, denn die Erdachse steht nicht senkrecht zur *Ekliptik*, der Ebene, in der die Erdbahn verläuft, sondern ist um 23,5 Grad gegen diese geneigt. Die Punkte am Himmel, auf die die Erdachse zeigt, werden als nördlicher und südlicher *Himmelspol* bezeichnet.

Im Auges des Orkans

Aufgrund der Erddrehung wandern die Sterne auf Kreisbahnen scheinbar um den Himmelspol. Auf der Nordhalbkugel liegt der Pol fast genau beim Polarstern, dem hellsten Stern im Sternbild Kleine Bärin. Gegenüber auf der Südhalbkugel befindet er sich im Sternbild Oktant.

Wie auf Erden, so im Himmel

Die tägliche Bewegung der Gestirne macht ein Koordinatensystem erforderlich, das von Ort und Zeit unabhängig ist und sich quasi gemeinsam mit der Himmelssphäre dreht. Die Astronomen haben entsprechend dem irdischen Koordinatensystem ein System mit Längen- und Breitengraden am Himmel eingeführt: das sog. *Äquatorsystem*. Die Verlängerung der Erdachse an den Himmel markiert dabei die Lage der beiden Himmelspole, der Himmelsäquator ist der an die Himmelskugel projizierte irdische Äquator. Die Höhe nördlich und südlich des Himmelsäquators wird als *Deklination* bezeichnet und entspricht den Breitengraden der Erde. Der nördliche Himmelspol hat demnach +90° Deklination, die Ebene des Himmelsäquators 0° Deklination und der südliche Himmelspol –90° Deklination.

Wie gehabt

Die gleiche Prozedur wird auf die Längengrade angewendet. Das himmlische Pendant heißt *Rektaszension*. Der Nullpunkt des Äquatorsystems ist der *Frühlingspunkt*, hier befindet sich die Sonne genau zu Frühlingsbeginn. Die Koordinate dafür ist 0 Stunden oder 0h (von lat. hora) und ein kompletter Kreis dieser Koordinatenachse umfasst 24 Stunden.

Wissen

2 Der Sonnenlauf am Himmel

Wählen Sie einen bestimmten Stern oder ein bestimmtes Sternbild, werden Sie feststellen, dass diese jede Nacht ein wenig früher aufgehen – und zwar knapp 4 Minuten. Nach 365 Tagen sind das insgesamt 24 Stunden. Dann steht alles wieder zur gleichen Zeit am gleichen Punkt, wie ein Jahr zuvor.

Geänderter Blickwinkel

Was wir damit indirekt wahrnehmen ist der Umlauf der Erde um die Sonne. Jeden Tag ist die Perspektive, mit der wir von der Erde aus den Himmel sehen, ein wenig anders. Im Sommer schauen wir nachts in Richtung des Sternbilds Schütze, das jetzt gegenüber der Sonne steht und damit die ganze Nacht sichtbar ist. Zur gleichen Zeit befindet sich die Sonne genau im gegenüber liegenden Sternbild Zwillinge, welches somit gar nicht sichtbar wird, da es nur tagsüber zusammen mit unserem Zentralgestirn am Himmel zu finden ist. Im Winter dagegen sind die Zwillinge um Mitternacht zu sehen, während der Schütze unbeobachtbar am Taghimmel steht.

Zeit der Sterne

Im Gegensatz zur Sonnenzeit – unserer »alltäglichen« Zeit – nimmt die Sternzeit nicht die Sonne, sondern die Sterne als Bezugspunkt. Da die Erde in 23h 56min einmal um ihre Achse rotiert, ist der *Sterntag* 4min kürzer als ein *mittlerer Sonnentag*, der 24 Stunden dauert. Diese Differenz ergibt sich daraus, dass die Erde, während sie einmal um ihre eigene Achse rotiert, ein Stück auf ihrer Bahn um die Sonne weiterläuft. Durch die veränderte Perspektive hat die Sonne im Gegensatz zu den weit entfernt stehenden Sternen den *Meridian* noch nicht erreicht und »hinkt« gewissermaßen 4 Minuten hinterher.

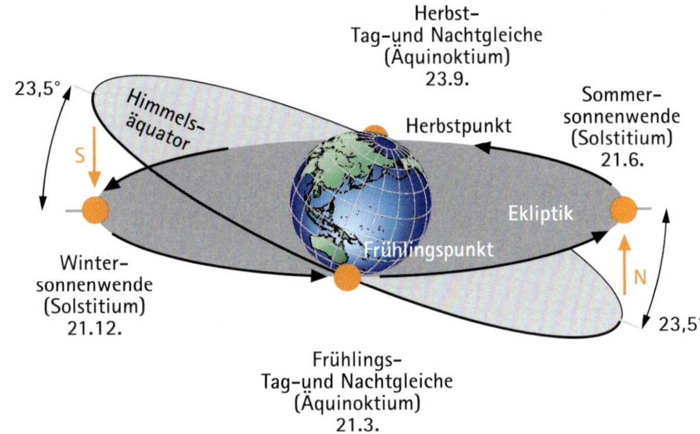

Zeit der Wenden

Im *Frühlingspunkt* schneidet die scheinbare Sonnenbahn am Himmel, die Ekliptik, den Himmelsäquator in Richtung Norden. Auf der Nordhalbkugel beginnt mit der Frühlings-Tag-und-Nachtgleiche der Frühling. Im *Herbstpunkt* dagegen überschreitet die Sonne den Himmelsäquator in Richtung Süden, dann beginnt auf der Nordhalbkugel der Herbst. Zu beiden Zeitpunkten sind Tag und Nacht gleich lang.

Die *Sonnenwenden* liegen genau zwischen den *Tag- und Nachtgleichen*. Dann hat die Sonne den größten Abstand zum Himmelsäquator: Zur *Wintersonnenwende* auf der Nordhalbkugel, also zu Beginn des Winters steht sie am weitesten südlich, jetzt ist die längste Nacht des Jahres. Zu Beginn des Sommers auf der Nordhalbkugel, der *Sommersonnenwende*, steht sie am weitesten nördlich des Himmelsäquators und markiert den längsten Tag des Jahres.

Der Sonne zugeneigt

Da die Erdachse um 23,5 Grad gegen die Ebene, in der die Erdbahn liegt, gekippt ist, neigt die Erde auf ihrer Sonnenumrundung einmal mehr die nördliche und das andere mal mehr die südliche *Hemisphäre* der Sonne entgegen. Im Sommer steht somit auf der Nordhalbkugel die Sonne höher – wodurch die Sonnenstrahlen steiler einfallen – und länger am Himmel: Die Temperaturen steigen. Im Winter dagegen verläuft die Sonnenbahn sehr flach und die Temperaturen bleiben niedrig. Die Jahreszeiten auf der Südhalbkugel verlaufen genau entgegensetzt.

Kreis der Tiere

Im Laufe eines Jahres durchläuft die Sonne auf ihrer scheinbaren Bahn am Himmel, die *Ekliptik* oder *Tierkreis* genannt wird, *13 Sternbilder*: Widder, Stier, Zwillinge, Krebs, Löwe, Jungfrau, Waage, Skorpion, Schlangenträger, Schütze, Steinbock, Wassermann und Fische. Bis auf den Schlangenträger werden sie auch als Tierkreissternbilder oder weniger gebräuchlich Ekliptiksternbilder bezeichnet. Sie sind nicht identisch mit den *Tierkreiszeichen* der Astrologie, die den Tierkreis in zwölf exakt gleich lange Tierkreiszeichen einteilt. Auch die Planeten umkreisen die Sonne in der Ekliptikebene und durchlaufen diese Sternbilder.

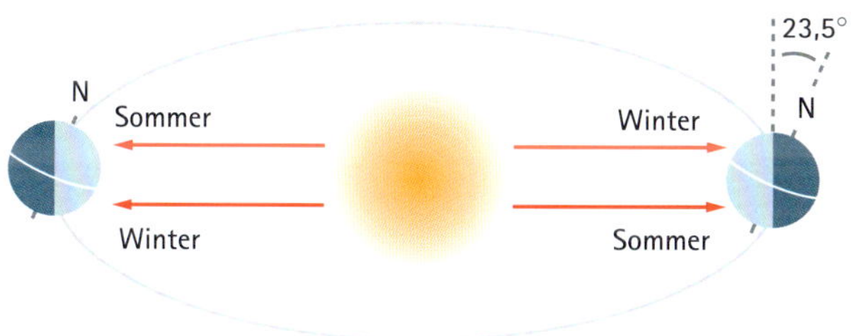

Während des Sommers der Nordhemisphäre erreicht mehr Sonnenlicht die nördliche Hälfte der Erdkugel, auch der Pol befindet sich im Tageslicht und die Sonnenstrahlen fallen steil auf die Oberfläche. Auf der Südhalbkugel ist jetzt Winter. Zur Zeit des Winters auf der Nordhemisphäre sind die Verhältnisse genau umgekehrt, dann herrscht Sommer auf der Südhalbkugel.

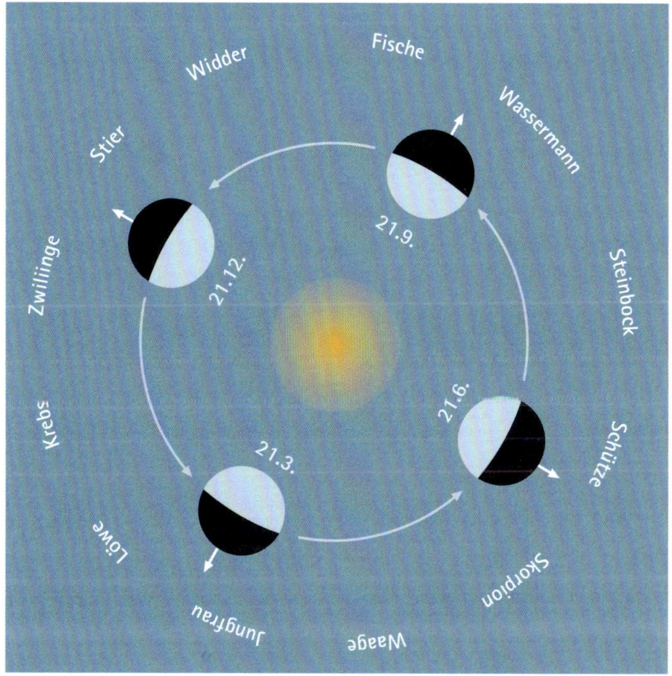

Auf der jährlichen Rundreise um die Sonne verschiebt sich unser Blickwinkel jeden Tag ein wenig, so dass in den verschiedenen Jahreszeiten andere Sternbilder am Himmel sichtbar sind.

Wissen

3 Die Gesichter des Mondes

Wenn wir den Mond über einige Tage hinweg beobachten, ist eine Eigenschaft besonders auffällig: Die Beleuchtung der Mondscheibe sieht mit jedem Tag anders aus. Nach Neumond ist der Mond kurz nach Sonnenuntergang als schmale Sichel am westlichen Himmel sichtbar, einige Tage später erscheint er abends als zunehmender Halbmond und wiederum einige Tage später strahlt er die ganze Nacht als hell erleuchteter Vollmond. Danach nimmt der Mond wieder ab, bis er bei Neumond gar nicht mehr sichtbar ist.

Mondphasen und Mondmonat

Diesen stetigen Wechsel des Aussehens, das Zu- und Abnehmen des Mondes während einer Erdumkreisung, bezeichnet man als *Mondphasen*. Nach einer vollständigen Umrundung ist wieder Neumond, darauf beginnt der Kreislauf von vorne. Der komplette Ablauf aller Mondphasen von einem Neumond zum nächsten heißt *Lunation* oder auch Mondmonat. Der Mond benötigt für diesen Zyklus 29,53 Tage. Auch die Bewegung des Mondes um die Erde erkennt man innerhalb weniger Stunden relativ zu den Sternen und schon am nächsten Abend steht unser Trabant zur gleichen Zeit 12°, also gut 24 Vollmonddurchmesser, weiter östlich am Himmel.

Das »Alter« des Mondes

Der Fortschritt der Mondphasen wird in Tagen gezählt, die seit dem letzten Neumond vergangen sind. Diese Zeitspanne, Mondalter genannt, beginnt bei 1d (von lat. dies), dem 1. Tag nach Neumond und ist fortlaufend bis 29d, dem 29. Tag nach Neumond durchnummeriert. Danach

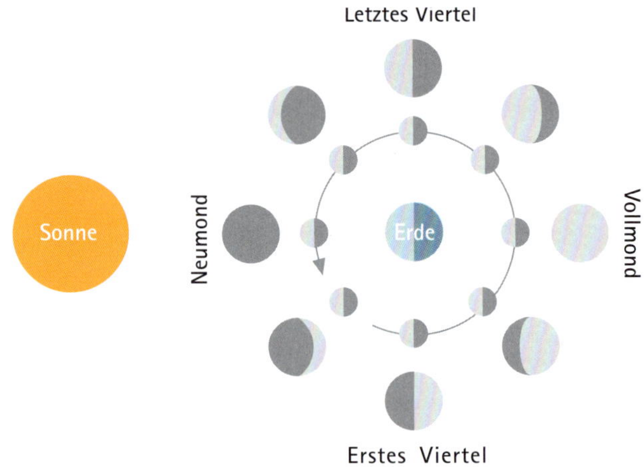

Der innere Kreis zeigt die Beleuchtungsverhältnisse des Mondes während eines Umlaufs, der äußere Kreis zeigt die entsprechende Mondphase, wie Sie diese von der Erde aus sehen können.

beginnt die Zählung bei 1d wieder von vorne. In den ersten 24 Stunden nach Neumond wird das Alter des Mondes auch in Stunden gezählt.

Auf die Richtung kommt es an

Da der Mond kein eigenes Licht ausstrahlt, sondern von der Sonne beschienen wird, sehen wir von der beleuchteten Mondkugel immer nur einen gewissen Teil. Bei Neumond steht der Mond zwischen Sonne und Erde, so dass wir auf seine von der Sonne nicht beleuchtete Seite blicken und er für uns unsichtbar bleibt. Bei Vollmond hingegen befindet sich der Mond gegenüber der Sonne und erscheint uns als vollständig beleuchtete Scheibe. Die anderen Phasengestalten ergeben sich aus den entsprechenden Winkelstellungen des Mondes und der Sonne zueinander.

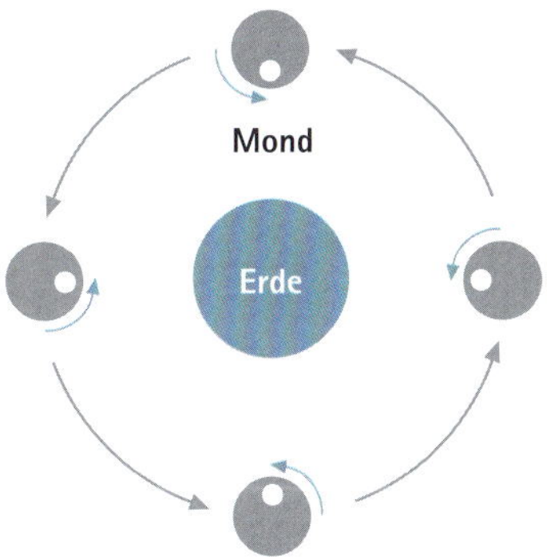

◀ Der Mond dreht sich genau so schnell um sich selbst wie er um die Erde rotiert. Deshalb wendet er uns immer die selbe Seite zu.

Rotation im Gleichtakt

Während der Mond die Erde umkreist, rotiert er um seine eigene Achse. Trotzdem ist immer nur dieselbe Seite des Mondes sichtbar, seine »Rückseite« ist niemals zu sehen. Diese Tatsache erklärt sich dadurch, dass sich der Mond fast genau in der Zeit, die er für eine Erdumrundung benötigt, einmal um sich selbst dreht. Dies wird als *gebundene Rotation* bezeichnet: Nach einem Viertel seiner Umlaufzeit hat sich auch der Mond um ein Viertel weiter gedreht, nach der Hälfte seiner Umlaufzeit um ein weiteres Viertel usw. Dadurch bleibt uns während des gesamten Umlaufs stets eine Seite des Mondes zugewandt.

Doch ein wenig mehr

Tatsächlich können wir aber zeitweise aufgrund der wechselnden Umlaufgeschwindigkeit des Mondes ein wenig mehr vom westlichen und östlichen Rand sehen und aufgrund der Neigung des Mondäquators gegenüber seiner Bahnebene ein wenig mehr auf die nördliche oder südliche Hälfte blicken. Man könnte sagen, der Mond nickt und dreht gleichzeitig sein Antlitz ein wenig hin und her. Diese sich überlagernden periodischen Schwankungen werden unter dem Begriff *Libration* zusammengefasst.

Die Phasen des Mondes, gezählt in Tagen nach Neumond (Mondalter).

Wissen

4 Das Sonnensystem – die Heimat unserer Erde

Astronomische Einheit
Entfernungen innerhalb unseres Sonnensystem werden üblich in *Astronomischen Einheiten*, abgekürzt *AE* angegeben:
1 AE = mittl. Abstand der Erde zur Sonne = 149,5 Mio. km

Unsere Heimat ist die Erde – und ihre Heimat das *Sonnensystem*. Dort umkreist sie mit weiteren sieben *Planeten*, einigen *Zwergplaneten* sowie einer Vielzahl von *Kleinkörpern* die Sonne in einer Anordnung, welche ihren Beginn vor etwa 4,5 Milliarden Jahren fand.

By the way

Die Planeten des Sonnensystems entstanden praktisch nebenbei. Während die Sonne fast die gesamte Masse der Urwolke, aus der sie entstand, im Zentrum konzentrierte, sammelte sich das verbleibende Material in einer flachen, rotierenden sog. *protoplanetaren Scheibe*. Durch Verklumpung von winzigen Staubteilchen bildeten sich *Planetesimale*, gewissermaßen Kondensationskerne, die weiter anwuchsen und schließlich die heutigen Planeten formten.

Acht auf einen Streich

Von diesen brachte die Staubscheibe des frühen Sonnnensystems acht größere Exemplare hervor: Merkur, Venus, Erde, Mars, Jupiter, Saturn, Uranus, und Neptun. Ein prägnanter Merkspruch dafür ist: Mein Vater erklärt mir jeden Sonntag unseren Nachthimmel. Der ehemalige neunte Planet Pluto zählt seit 2006 nicht mehr dazu und gilt heute als Zwergplanet. Da die Planeten des Sonnensystems gemeinsam aus einer Staubscheibe entstanden sind, umkreisen sie die Sonne in etwa der gleichen Ebene – der *Ekliptik*.

Vier innen – vier außen

Die Gesteinsplaneten Merkur, Venus, Erde und Mars bilden die Gruppe der *inneren Planeten*. Die *äußeren Planeten* Jupiter, Saturn, Uranus und Neptun dagegen sind im Wesentlichen gasförmig aufgebaut und zählen zu den *Gasriesen*. Im Raum zwischen den Planeten Mars und Jupiter umkreisen über 200.000 *Asteroiden* mit einer Größe bis zu mehreren hundert Kilometern die Sonne. Ceres, der größte unter die-

sen Himmelskörpern, gilt wie Pluto als Zwergplanet. Ihr Durchmesser beträgt stattliche 960 Kilometer. Weitere große Exemplare aus diesem *Asteriodengürtel* sind Pallas, Juno und Vesta, die während ihrer *Opposition* auch mit einem kleineren Teleskop gesichtet werden können.

Bis an die Grenzen

Jenseits der Neptunbahn in 30–50 AE bilden über tausend bis heute bekannte Himmelskörper den *Kuipergürtel*. Die überwiegend aus Eis bestehenden Objekte in dieser Region sind vermutlich Reste aus der Entstehungszeit des Sonnensystems wie Planetesimale oder Kometen. Vermutlich existieren einige zehntausend Mitglieder dieser Region. Ein großer Vertreter des Kuipergürtels ist die 1700km große Sedna. In noch wesentlich größerer Distanz von etwa 50.000–100.000 AE umgibt die *Oortsche Wolke* das Sonnensystem als kugelförmiger Halo. Sie ist ebenfalls Heimat von Überbleibseln aus der Frühzeit des Sonnensystems, insbesondere von Kometen, deren Anzahl in die Milliarden gehen dürfte. Der Übergang zum Kuipergürtel ist anscheinend fließend, allerdings sind die Bahnen seiner Mitglieder meist weniger als 35° gegen die Ebene der Ekliptik geneigt, während die Bahnen der Kometen aus der Oortschen Wolke beliebige Neigungen besitzen.

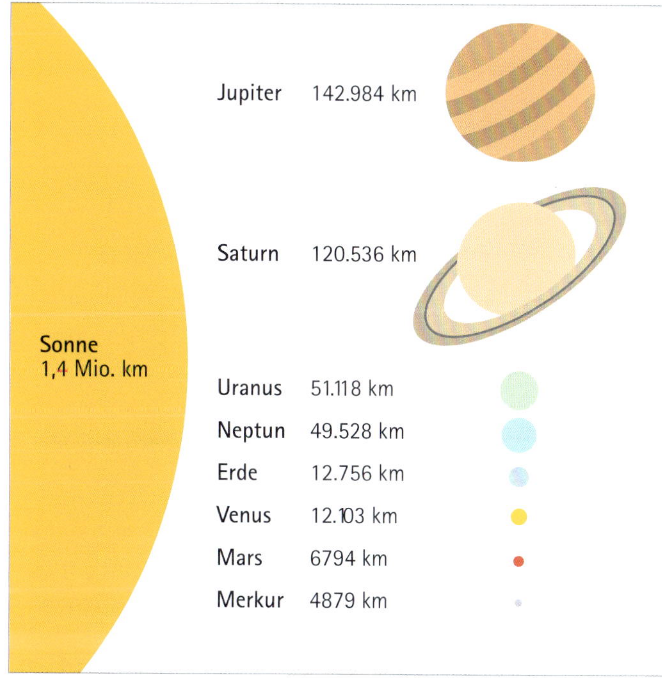

Oben: Die Durchmesser der Planeten im Vergleich zur Sonne.
Unten: Die mittleren Abstände im Sonnensystem in Astronomischen Einheiten.

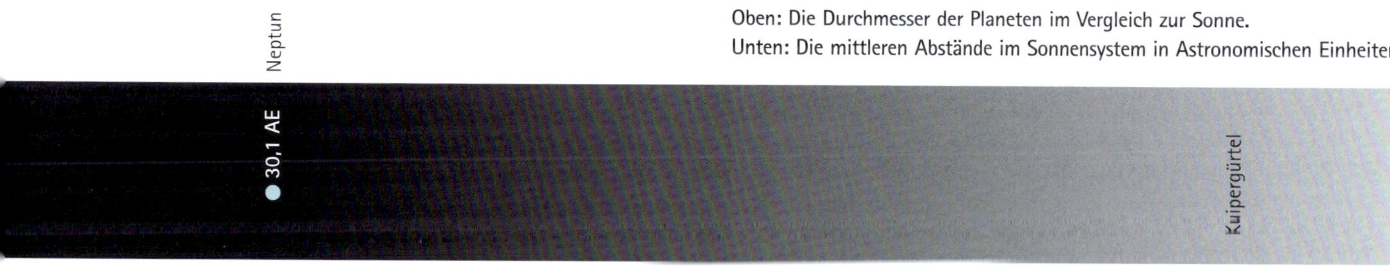

5

Wissen

Warum leuchtet die Sonne?

Die Sonne wird seit Jahrtausenden in vielen Kulturen als göttlich verehrt. Das ist kein Wunder, denn ohne diesen Stern würden wir nicht existieren. Seit etwa 4,5 Milliarden Jahren leuchtet sie mit unerschütterlicher Beständigkeit, und ihr Licht und ihre Wärme sind die Vorraussetzung für die Entwicklung des Lebens in Form von Pflanzen, Tieren und Menschen. Wir sind Kinder der Sonne.

In der Tiefe liegt die Kraft

Die Quelle der Energie dafür liegt tief im Inneren verborgen: Im Prinzip ist die Sonne ein riesiger selbstleuchtender Gasball aus 73% *Wasserstoff*, 25% *Helium* und 2% anderen Elementen mit einem Durchmesser von 1,4 Millionen Kilometern. Dieser Gasball besitzt keine feste Oberfläche, sondern seine Dichte nimmt von innen nach außen ab. Als Oberfläche wird diejenige Gasschicht bezeichnet, aus der sichtbares Licht zu uns gelangt; sie wird *Photosphäre* genannt. Weiter außen schließen sich die *Chromosphäre* und Korona an, nach innen die Konvektionszone, Strahlungszone und der Kern. Dort sind Druck und Temperatur so hoch, dass Reaktionen auf atomarer Ebene in Gang kommen.

Kleiner Verlust, große Wirkung

Im Kern der Sonne mit Temperaturen von 15 Millionen Grad können Atomkerne derart stark aufeinander prallen, dass sie miteinander verschmelzen: Bei dieser *Kernfusion* entstehen aus vier Wasserstoffkernen ein Heliumkern. Der so entstandene Heliumkern ist allerdings eine Winzigkeit leichter als die vier ursprünglichen Wasserstoffkerne. Dieser kleine Verlust ist der eigentliche Motor der Sonne, denn die sog.

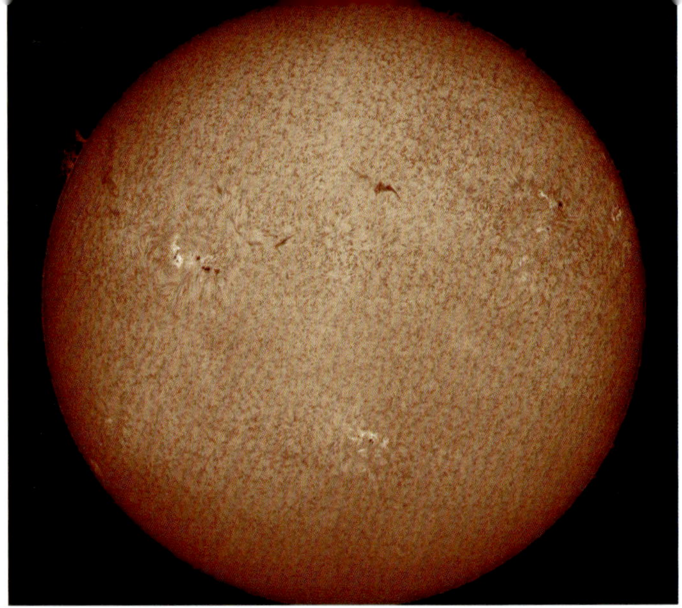

Durch einen H-alpha-Filter gesehen erscheint die Chromosphäre ähnlich strukturiert wie eine Apfelsine, und am Rand der Sonnenscheibe werden Auswüchse, sog. Protuberanzen sichtbar.

Massendifferenz wird in Energie umgewandelt. Insgesamt werden so 4 Millionen Tonnen Wasserstoff in der Sekunde zu einer Energie von 10^{26} Joule umgesetzt. Das entspricht der Leistung von 28 Trillionen Kilowattstunden, dem 44-millionenfachen des jährlichen Stromverbrauchs Deutschlands! Eigentlich müsste sich ein solcher Gasball explosionsartig ausdehnen, die enorme Masse hält jedoch das Gebilde mit ihrer eigenen Schwerkraft genau im Gleichgewicht zwischen Expansion und Kontraktion.

Schicht um Schicht

An das Zentrum der Sonne schließt sich eine so genannte Strahlungszone an, in der die entstandene Energie durch Strahlung nach außen transportiert wird. In der darüberliegenden Konvektionszone wird die Strahlung zunehmend absorbiert, so dass Energie durch gewaltige Gasströme transportiert wird, die aufsteigen, sich abkühlen und wieder absinken. Dieser Kreislauf wird durch die Energie aus der Strahlungszone beständig in Gang gehalten, ähnlich einem kochenden Topf voller Wasser auf einer heißen Herdplatte. Die Blasen aufsteigenden Gases können in der Photosphäre als *Granulation* beobachtet werden. Die Temperatur in der Photosphäre beträgt »nur« noch 5500° Celsius.

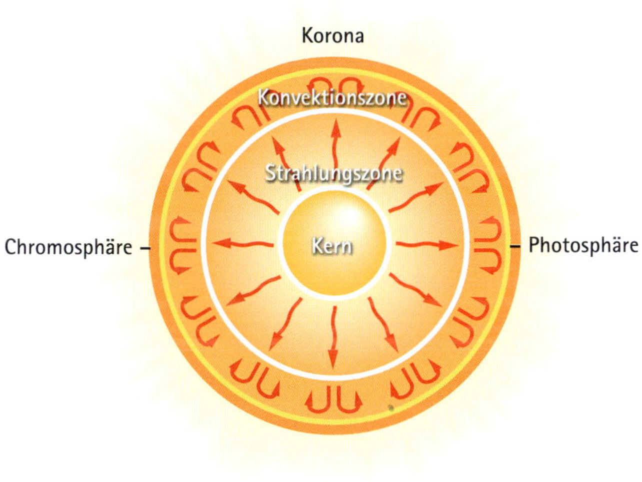

Der innere Aufbau der Sonne

Aufgewickelt

In der Photosphäre sind auch die im Teleskop schwarz erscheinenden *Sonnenflecken* sichtbar, die durch das Magnetfeld der Sonne entstehen. Magnetfelder werden durch Feldlinien veranschaulicht, entlang derer sich z.B. Eisenpfeilspäne in einem Magnetfeld ausrichten. Da die Sonne am Äquator schneller rotiert als an den Polen, wickeln sich die »Magnetfeldlinien« mit jeder Drehung mehr und mehr auf. Irgendwann liegen sie so dicht und die Feldstärke ist so hoch, dass das Magnetfeld durch die Oberfläche bricht: An diesen Stellen entstehen paarweise die Sonnenflecken. Deren Temperatur ist etwa um 1000° Celsius niedriger als die der sie umgebende Sonnenoberfläche und lässt sie im Kontrast zum heißeren Material dunkel erscheinen.

Im Gleichtakt

In einem 11-jährigen Rhythmus verändert sich die Stärke und Anzahl der Sonnenflecken und gleichzeitig auch die Intensität von *Protuberanzen* und *Flares*, gewaltigen Explosionen und Strahlungsausbrüchen, die große Mengen an Sonnenmaterie in den Weltraum schleudern können. Die Schicht, in der sich dieses Geschehen abspielt, ist die Chromosphäre. Zur Beobachtung dieser Erscheinungen benötigen Sie allerdings einen speziellen Filter (*H-alpha-Filter*), der nur Licht mit einer bestimmten Wellenlänge durchlässt.

Die Krönung

Die äußerste Schicht, welche wie eine Atmosphäre in den Weltraum übergeht, ist die bis zu etwa 1 Million Grad heiße *Korona*. Diese wird praktisch nur als heller Strahlenkranz während der kurzen Totalitätsphase einer *Sonnenfinsternis* sichtbar.

Wissen

6

Eine Polarlichtnacht

Unsere Erde hat eine natürliche »Lightshow« im Programm, gegen die selbst riesige Feuerwerke und grell in den Himmel strahlende Skybeamer nur ein müder Abklatsch sind: Polarlichter, jene Leuchterscheinungen, die in eleganten Bögen, Strahlen und Schleifen über den Nachthimmel geistern. Bei *Polarlichtern* denken wir an ein Phänomen der nördlichen Länder und weniger an ein Himmelsereignis, das in Mitteleuropa üblich ist. Aber selbst in Deutschland, Österreich und der Schweiz sind Polarlichter sichtbar, man muss nur wissen wann!

Die Sonne macht's

Für das »Wann« ist ein Blick auf die Sonne notwendig, denn dort findet sich der Ursprung dieses Himmelsschauspiels. Unsere Sonne strahlt unablässig eine Mischung elektrisch geladener Teilchen wie Elektronen und Protonen in den Weltraum, den *Sonnenwind*. Bevor diese Teilchen die Erde erreichen können, werden sie vom irdischen Magnetfeld, welches eine Art Schutzblase – die Magnetosphäre – bildet, abgefangen und um sie herum geleitet. Innerhalb dieser Blase herrscht ein System elektrischer Ströme, das letztlich vom Sonnenwind selbst angetrieben wird. So führen Schwankungen der Sonnenwindstärke dazu, dass Ströme auch in tieferen Schichten der Atmosphäre entstehen. Dabei bewegen sich die elektrischen Teilchen, hauptsächlich Elektronen, entlang der Magnetfeldlinien. Im Bereich um die magnetischen Pole eröffnet sich ihnen schließlich ein Fenster in die untere Atmosphäre.

Polarlicht über Rosenheim während der starken Sonnenaktivität im September 2003.

Jetzt wird's bunt

Dort, in Höhen von etwa 100km – 200km stoßen sie auf die Sauerstoff- und Stickstoffmoleküle der Luft, die darauf mit der *Emission* von Licht reagieren und den Himmel in den typischen Farben Rot, Violett und Grün erglühen lassen. Rotes Licht entsteht dabei durch Sauerstoff in etwa 200km Höhe, grünes Licht durch Sauerstoff in etwa 100km Höhe und violettes und blaues Licht durch Stickstoff. Vom Weltraum aus betrachtet bilden die Polarlichter geschlossene Lichtringe um die magnetischen Pole, die aber nur selten bis in unsere Breitengrade reichen. Im Norden heißt dieses Schauspiel Nordlicht (Aurora borealis) und auf der Südhalbkugel Südlicht (Aurora australis).

Es geht auch heftig

Mit eindrucksvollen Polarlichtern ist in Mitteleuropa immer dann zu rechnen, wenn der Sonnenwind besonders heftig »weht«, z.B. wenn *Flares* – starke Eruptionen auf der Sonnenoberfläche – eine große Zahl energiereicher elektrischer Teilchen ins All schleudern und diese die Erde erreichen. Dann dehnt sich der nördliche Polarlichtring südlich in Richtung Mitteleuropa aus, bis meistens der höhere rote Abschnitt über den Horizont lugt und so für uns sichtbar wird. In Nordrichtung wird dann ein glutrotes Leuchten am Horizont erkennbar, bei außerordentlich starken Nordlichtern sogar mit grünen Farbschattierungen, die einen sich ständig verändernden Farbteppich bis hoch an den Himmel zaubern. In der Regel besteht für uns auch zu Zeiten hoher Sonnenaktivität nur für etwa eine handvoll Nächte im Jahr die Chance auf ein solches Großereignis.

Da heißt es aufpassen!

Zum Glück steht die Sonne 24 Stunden am Tag und 365 Tage im Jahr unter Beobachtung. Daten zur aktuellen Sonnenaktivität stehen damit ständig zur Verfügung, z.B. im Internet. So sind Sie jederzeit auf dem neuesten Stand, und Sie können sich sogar Polarlichtwarnungen als E-Mail senden lassen, damit Ihnen keine Vorhersage durch die Lappen geht. Wenn dann noch Wetter mitspielt und der Mond den Himmel nicht zu sehr erhellt, haben Sie eine gute Chance auf ein himmlisches Lichtspiel.

Tipp: Eine Polarlichtfotografie ist gar nicht schwer. Mit einer Digitalkamera sind Sie in der Lage beeindruckende Nordlichtaufnahmen zu machen. Fahren Sie am Abend einer Polarlichtwarnung am besten ein Stück aufs Land und richten die Kamera mit einem Stativ in Richtung Norden. Wenn Sie ein rotes Leuchten am Horizont wahrnehmen, versuchen Sie Aufnahmen mit verschiedenen Belichtungszeiten von etwa 15–30 Sekunden. Belichten Sie aber nicht wesentlich länger, da sonst die Bewegungen der Polarlichter verwischt werden können. Halten Sie in Stadtnähe bei hellem Himmel die Belichtungszeit eher kürzer. Selbst wenn am Himmel nur ein schwacher roter Lichtschimmer sichtbar ist, kann die Aufnahme Strukturen in Rot und Grün zeigen.

Tipp: Aktuelle Vorhersage zu Polarlichtern gibt es im Internet:

- www.sam-europe.de
- www.meteoros.de
- www.spaceweather.com

Wissen

7 Sonne und Mond im Dunkeln

Finsternisse stehen bei vielen Hobby-Astronomen in der Beliebtheit weit oben. Besonders *Sonnenfinsternisse* können äußerst beeindruckend sein, aber ebenfalls die weniger spektakulär wirkende Mondfinsternis hat ihren Reiz. In beiden Varianten spielt der Mond eine Hauptrolle.

Erster Auftritt: Die Erde im Dunkeln

Während einer Sonnenfinsternis schiebt sich der Mond für kurze Zeit vor die Sonne. Das wäre im Grunde bei jedem *Neumond* der Fall, wenn der Mond auf seinem Erdumlauf zwischen Sonne und Erde steht. Die Mondbahn verläuft aber nicht in der Ebene der Erdbahn, der *Ekliptik*, sondern ist um 5° gegen diese geneigt, so dass der Mond während seines Erdumlaufs meist über oder unter der Sonne vorbeizieht. Eine Sonnenfinsternis ist somit nur in der Nähe eines Schnittpunktes der Mondbahn mit der Ekliptik – dem *Mondknoten* – möglich, dann stehen Sonne und Mond sozusagen auf gleicher Höhe am Himmel. Das ist in der Regel zwei bis drei Mal im Jahr der Fall.

Verschiedene Schatten

Auf der Erdoberfläche entstehen dabei zwei Schattengebiete: Der große *Halbschatten*, in dessen Bereich die Sonne aufgrund der Perspektive nur teilweise verfinstert ist (partielle Sonnenfinsternis) und sichelförmig vom Mond bedeckt wird, und der Bereich des *Kernschattens*, die *Totalitätszone*, in der die Sonne vollständig verdeckt wird. Nur im Bereich des Kernschattens ereignet sich eine totale Sonnenfinsternis. Die Breite dieser Region beträgt höchstens etwa 300 Kilometer. Aufgrund der Erdrotation und der Mondbewegung rast der Mondschatten mit mindestens 1680km/h über die Erdoberfläche und beschränkt die Länge einer totalen Verfinsterung auf maximal 7,6 Minuten.

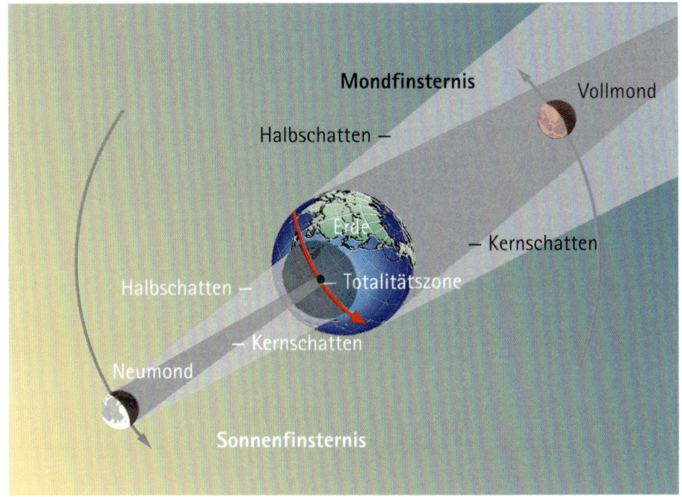

Aufgrund des unterschiedlichen Durchmessers von Mond und Erde ist der Bereich des Kernschattens bei einer Sonnenfinsterniss wesentlich kleiner als bei einer Mondfinsternis. Die Dauer der Sonnenfinsternis an einem Standort ist dementsprechend kürzer.

Der Höhepunkt

Während dieser kurzen Zeitspanne ist der Himmel so dunkel, dass die hellsten Sterne und Planeten sichtbar werden können. Die *Korona* der Sonne, die normalerweise von der blendenden Helligkeit des Tagesgestirns überstrahlt wird, erscheint dann als leuchtender Strahlenkranz; ebenfalls tauchen für kurze Zeit rote Feuerzungen, die *Protuberanzen*, am Sonnenrand auf.

Ring aus Feuer

Eine spezielle Art der Sonnenfinsternis ist die ringförmige Finsternis. Wenn der Mond sich auf seiner elliptischen Umlaufbahn besonders weit von der Erde entfernt befindet, ist sein Durchmesser am Himmel nicht mehr groß genug, um die Sonne vollständig zu bedecken. Dann bleibt ein schmaler, gleißend heller Ring der Sonnenscheibe während der maximalen Bedeckung um den Mond sichtbar.

Zweiter Auftritt: Der Mond im Dunkeln

Bei einer Mondfinsternis durchquert der Mond den weit in den Weltraum reichenden Erdschatten und wird verdunkelt. Das ist nur bei Vollmond möglich, wenn die Erde sich zwischen Sonne und Mond befindet. Wie bei einer Sonnenfinsternis muss sich der Mond dabei allerdings ebenfalls in der Nähe eines Mondknotens befinden, da anderenfalls der Erdschatten den Mond verfehlt. Zwei Mal pro Jahr ist das der Fall, selten drei Mal.

Vor- und Nachteile

Eine Mondfinsternis ist nicht ganz so dramatisch wie eine Sonnenfinsternis. Während der Mond in den Erdschatten eintritt, wird seine Helligkeit gedämpft und er erscheint am Höhepunkt der Finsternis als dunkel- bis kupferrot oder orange leuchtende Scheibe, verursacht durch die Erdatmosphäre, die rötliches Licht in den Erdschatten lenkt. Der Vorteil ist, dass Sie eine Mondfinsternis an jedem Ort der Welt verfolgen können, an dem der Mond zum Zeitpunkt der Verdunklung über dem Horizont steht. Darüber hinaus ist der Kernschatten der Erde in Mondentfernung im Mittel mit 9000 Kilometern sehr groß, so dass eine Mondfinsternis maximal 3,5 Stunden dauern kann. Der Mond kann ebenfalls partiell verfinstert werden, wenn er nur teilweise den Kernschatten der Erde durchläuft – dann erscheint lediglich eine »Ecke« des Mondes dunkler. Wenn der Mond nur in den sog. Halbschatten eintritt, wird die Helligkeit der Mondscheibe kaum merklich vermindert.

Tipp: Vorhersagen zu Finsternissen im Internet:

- www.calsky.com (deutsch)

Während der Mond die Sonne vollständig bedeckt, wird die Korona sichtbar.

Wissen

8 Sternschnuppen im August

In der Regel ist der Sternfreund über jegliches Licht am nächtlichen Himmel verärgert, welches die Beobachtung stört oder lang belichtete Astrofotografien verderben kann, z.B. bevölkern zunehmend Satelliten und Flugzeuge das Firmament. Eine Leuchterscheinung bringt jedoch wahrhaftig Glanz ins Auge jedes Amateurastronomen: Die Sternschnuppen, jenes kurze Aufglühen, welches die Menschen sogar auf die Erfüllung eines Wunsches hoffen lässt. Früher sahen die Menschen in den Sternschnuppen die Seelen Verstorbener auf dem Weg in den Himmel.

Frontalcrash mit Volldampf

In Wirklichkeit befinden sich die Auslöser dieser Lichtblitze genau auf dem umgekehrten Weg, mit Volldampf vom Weltraum zur Erde. Dabei treffen staubkorn- bis etwa kieselsteingroße Teilchen, sog. ***Meteoroide***, mit Geschwindigkeiten von 30–70km pro Sekunde auf die Erdatmosphäre und erhitzen sich bei diesem Vorgang auf über 1000°C. Durch Reibung und verdampftes Meteoroidenmaterial wird die Luft entlang der Flugbahn ionisiert, d.h. die Atome verlieren ein oder mehrere Elektronen. Bei der darauf folgenden Wiedervereinigung von Atom und Elektron wird Energie frei, die sich als Leuchterscheinung bemerkbar macht: ein ***Meteor*** oder eine Sternschnuppe wird sichtbar. In dem Fall, dass ein ***Meteoroid*** zu groß ist, um vollständig zu verdampfen und ein Teilstück die Erdoberfläche erreicht, heißt er ***Meteorit***. Das bekannteste Beispiel für einen in Deutschland niedergegangenen Meteoriten ist der Neuschwanstein-Meteorit von April 2002. Der letzte Fund ist der Stubenberg-Meteorit vom März 2016.

Kugeln aus Feuer

Besonders große Meteoroide verursachen ein sehr helles Leuchten. Diese ***Boliden*** können eine solche Helligkeit erreichen, dass sie deutliche Schatten werfen. Die »Flugdauer« beträgt manchmal einige Sekunden, oft verbunden mit Helligkeitsausbrüchen, bei denen die Meteoroide in Teilstücke zerfallen können. Hin und wieder ist danach eine Art Rauchspur sichtbar, die sich minutenlang halten kann und schließlich vom Wind verweht wird. Diese selteneren Ereignisse sind wirklich beeindruckend.

Gute Zeiten – schlechte Zeiten

Üblicherweise sind Sternschnuppen nicht vorhersagbar und in jeder klaren dunklen Nacht können Sie einige sog. sporadische Meteore beobachten. Zu bestimmten Zeiten wird es Ihnen jedoch einfacher gemacht, dann ist es an der Zeit auf Sternschnuppenjagd zu gehen. In mehreren Nächten des Jahres kann die Anzahl der sichtbaren Sternschnuppen enorm ansteigen: Immer dann, wenn die Erde auf ihrem Weg um die Sonne die Staubspur kreuzt, die ein ***Komet*** auf seiner Bahn hinterlässt. Ein Teil davon trifft dann auf die Erdatmosphäre. Diese ***Meteorströme*** erscheinen jedes Jahr zur gleichen Zeit und können, wenn die Erde einen besonders dichten Teil trifft, gigantische Meteorstürme mit bis zu mehreren hundert Meteoren pro Minute entfachen!

Richtungsweisend

Im Gegensatz zu den sporadischen Meteoren scheinen die Sternschnuppen eines Meteorstroms alle aus der gleichen Richtung am Himmel zu kommen. Der Punkt an dem die Bahnen ihren Ursprung finden, wird ***Radiant*** genannt. Die Namen der Meteorströme leiten sich von dem Sternbild ab, in dem ihr jeweiliger Radiant zu finden ist, z.B. liegt der Radiant der Perseiden im Sternbild Perseus. Dies ist der bekannteste Me-

Tipp: Zur Vorbereitung einer Sternschnuppennacht benötigen Sie nicht viel: eine Isomatte oder Liegestuhl, ein Fernglas und in kalten Nächten einen Schlafsack. Informieren Sie sich einige Tage vorab über den genauen Zeitpunkt des Maximums in einer Astronomie-Zeitschrift, im Internet oder in einem astronomischen *Jahrbuch*.
Die maximale Anzahl von Sternschnuppen ist nur in einem kleinen Zeitfenster von ein oder zwei Stunden sichtbar. Die meisten Sternschuppen erscheinen nicht genau am Radianten, sondern erst in einiger Entfernung davon.
Am besten liegen Sie entspannt auf einer Liege und halten ein Himmelsareal etwas entfernt vom Radiant im Auge. Wenn Sie mit mehreren Personen beobachten, ist es sinnvoll, dass jeder ein anderes Himmelsareal überwacht. So entgehen Ihnen nur wenige Meteore. Das ist besonders wichtig, wenn Sie die Anzahl der beobachteten Sternschnuppen zählen möchten. Halten Sie auch das Fernglas zur Hand, denn damit bleibt die Rauchspur heller Meteore noch lange sichtbar.

teorstrom im Sommer und zeigt etwa 100 Sternschnuppen pro Stunde. Mutterkörper ist der Komet Swift-Tuttle. In der zweiten Nachthälfte ist das Sternbild im August hoch am Himmel sichtbar und die Meteorbeobachtung verspricht einige spannende Stunden, wenn nicht der Vollmond oder eine andere helle Mondphase die Beobachtung behindert.

Die Aufnahme zeigt die hellsten Meteore des Aktivitätsmaximums der Perseiden. Deutlich ist ihr gemeinsamer Ursprung im Radianten erkennbar. Das helle Leuchten am oberen Bildrand ist ein sporadischer Meteor aus einer anderen Richtung.

9

Wissen

Kometen: Vagabunden im Sonnensystem

Wer schon einmal einen wirklich hellen *Kometen*, wie z.B. Hale-Bopp im April 1997 gesehen hat, kann vielleicht nachvollziehen, wie diese Schweifsterne die Menschen einstmals in Angst und Schrecken versetzen konnten. Manche Kometen werden auf ihrer Reise durch das Sonnensystem so hell, dass sie sogar tagsüber sichtbar werden und sich ein langer *Schweif* über einen großen Teil des Nachthimmels erstreckt, wie im Januar 2007 McNaught, der hellste Komet der letzten Jahrzehnte.

Seltener Gast

Dabei sollte man sich besser über diesen Gast freuen! Solch helle Kometen statten uns nur selten einen Besuch ab, denn es kann ein Jahrzehnt oder mehr zwischen dem Auftauchen heller Kometen vergehen. Lichtschwächere, nur mit dem Fernglas oder dem Teleskop erkennbare Schweifsterne treten jedoch in der Regel jedes Jahr in Erscheinung.

Von weit komm' ich her

Kometen sind Mitglieder unseres Sonnensystems und stammen aus dessen Außenbezirken, dem *Kuipergürtel* und der *Oortschen Wolke*. Sie sind Überbleibsel aus der Zeit, als sich die Planeten bildeten, und umkreisen dort die Sonne. Die mehrere Kilometer großen Kerne der Kometen bestehen zum größten Teil aus gefrorenem Wasser, Kohlendioxid, Methan, Ammoniak sowie Staubpartikeln. Kometen werden deshalb auch als »eisiger Schmutzball« bezeichnet.

Reise ohne Wiederkehr

Oft ist der Besuch im Sonnensystem für uns Beobachter einmalig, denn viele Kometen bewegen sich auf lang gestreckten Ellipsenbahnen

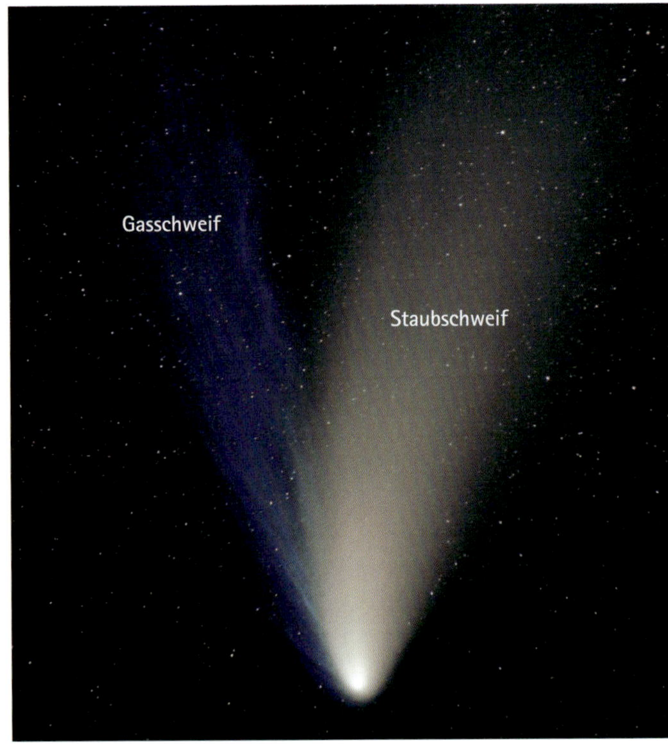

Im Frühjahr 1997 zeigte der Komet Hale-Bopp einen Schweif, der sich über 30°–40° am Himmel erstreckte. Auf der Fotografie sind deutlich der blaue Gasschweif und der gelbliche Staubschweif erkennbar.

mit Umlaufszeiten von einigen 100 Jahren. Man nennt sie die langperiodischen Kometen. Kurzperiodische Kometen hingegen bewegen sich auf Bahnen mit Umlaufzeiten unter 200 Jahren. Ein berühmtes Beispiel dafür ist der Halleysche Komet mit einer Umlaufzeit von 76 Jahren. Manche Kometen bewegen sich jedoch z.B. wegen Störungen der großen Planeten auf Hyperbel- oder Parabelbahnen – Umlaufbahnen, die in sich nicht geschlossen sind – und verschwinden nach ihrem Erscheinen auf Nimmerwiedersehen im Weltraum. Letztere gehören zur Familie der aperiodischen Kometen, zu denen aber ebenfalls Kometen zählen, deren Bahn nicht genau bestimmt werden kann.

Die Sonne macht Dampf

Etwa in Jupiter-Entfernung von der Sonne wird die Sonnenstrahlung so stark, dass die flüchtigen Anteile des Kometen direkt in den umgebenden Weltraum *sublimieren*, dabei Staubteilchen mitreißen und die sog. *Koma* ausbilden. Die typische Erscheinung eines solch weit entfernten Kometen ist ein kleiner Lichtpunkt, umgeben von einem schwachen Leuchten. So wird sich Ihnen ein Komet am häufigsten zeigen und er könnte leicht mit einem Deep-Sky-Objekt verwechselt werden, wäre da nicht seine Eigenbewegung. In einem sehr kurzen Zeitraum, von einer Stunde oder weniger bewegt sich der diffuse Kern deutlich vor den Sternen im Hintergrund.

Ausschweifendes Verhalten

Kommt der Komet auf seiner Umlaufbahn jedoch der Sonne näher als der Mars, wird die Koma durch den Sonnenwind und den Strahlungsdruck weggeblasen und der Schweif des Kometen entsteht, genauer gesagt zwei Schweife: Ein *Gasschweif*, der direkt von der Sonne weg gerichtet ist und ein *Staubschweif*, der gekrümmt erscheint, da die Partikel auf eigenen Bahnen die Sonne umlaufen. Bei besonders hellen Kometen kann die Länge des Schweifs mehrere hundert Millionen Kilometer betragen. Manchmal kann man auch den sog. Gegenschweif beobachten, der jedoch nur ein Projektionseffekt ist, wenn sich die Erde zwischen Komet und Sonne befindet und ein Teil des gekrümmten Staubschweifs über den Kometenkopf hinausragt. Mit jeder Annäherung an die Sonne verliert der Komet Material, wird kleiner, zerfällt oftmals und ist in der Regel nach etlichen Sonnenumrundungen nicht mehr als solcher erkennbar.

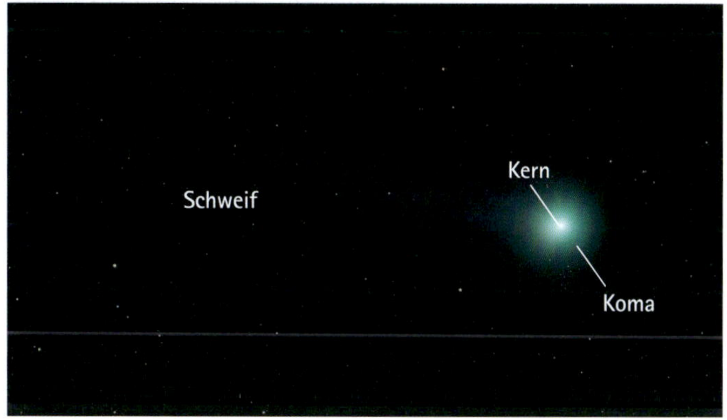

Meistens ist von dem Kometen nur die Koma als diffuser Lichtpunkt zu erkennen. Der Schweif erscheint oft nur auf Fotografien.

Tipp: Bahndaten aktueller Kometen, die Sie in eine Astronomiesoftware einbinden können, finden Sie z.B. bei:

- http://www.minorplanetcenter.org/iau/Ephemerides/Comets/index.html

Wissen

10 Lebensweg der Sterne

Seit der Mensch die Augen zu den Sternen richtet, ist er von ihnen fasziniert. Sie scheinen auf den ersten Blick jeder Veränderung zu trotzen, ziehen tagein, tagaus und Jahr für Jahr ihre Bahn. Doch auch die Sterne durchlaufen einen Lebensweg, werden geboren, entwickeln sich und enden auf unterschiedliche Weise.

Am Anfang war die Wolke

Sterne entstehen in ausgedehnten Gaswolken aus Wasserstoff und Helium mit 100 bis einigen 1000 Mal so viel Masse wie unsere Sonne. Diese riesigen Gaswolken kollabieren aufgrund ihrer eigenen *Gravitation*. Bei diesem Vorgang bilden sich begrenzte Regionen mit höherer Dichte aus, die weiter kontrahieren. Sterne entstehen also in der Regel nicht alleine, sondern in Gruppen mit vielen Mitgliedern, aus denen ein *Sternhaufen* hervorgehen kann. Das Zentrum des Orionnebels M 42 ist eine solche Kinderstube.

Es werde Licht!

Masse und Dichte in den einzelnen Regionen – man spricht von Protosternen – steigen im Laufe der Zeit immer mehr an, bis schließlich im Zentrum Temperaturen und Dichten erreicht werden, bei denen die *Kernfusion* von *Wasserstoff* zu *Helium* zündet. Erst jetzt spricht man von einem Stern – die neue Sonne wird in diesem Augenblick geboren. Die meiste Zeit seines Lebens bezieht der Stern jetzt Energie aus der Kernfusion von Wasserstoff zu Helium.

Die Kernregion des Orionnebels M 42 mit dem »Trapez« ist ein Sternentstehungsgebiet, eine Geburtsstätte neuer Sonnen. Der Blick darauf wird frei, da die jungen Sterne die sie umgebende Gas- und Staubwolke durch ihre Strahlung »weggeblasen« haben.

Weniger ist mehr

Den gesamten Lebensweg und die Lebensdauer eines Sterns bestimmt die Masse, die während seiner Entstehung angesammelt wurde. Einfach gesagt: Je größer die ursprüngliche Masse, desto kürzer die Lebensdauer. Ein massereicher Stern verbraucht seinen Brennstoff um ein Vielfaches schneller als ein massearmer.

Zwerge und Riesen

Konnte ein Stern nur weniger als 0,08 Sonnenmassen ansammeln, entsteht ein *Brauner Zwerg*, eine Sonne, die eigentlich gar nicht richtig geboren wird, da die Kernfusion nicht einsetzt. Diese Sterne beziehen ihre Energie daraus, dass sie langsam schrumpfen. Sonnenähnliche Sterne verbrauchen ihren Brennstoff im Laufe von etwa 10 Milliarden Jahren. Danach blähen sie sich um ein Vielfaches ihrer Größe auf und werden zu *Roten Riesen*, deren äußere Schicht schließlich als *Planetarischer Nebel* abgestoßen wird. Der Kern entwickelt sich zu einem etwa erdgroßen *Weißen Zwerg*, der über keine eigene Energiequellen mehr verfügt, allmählich erkaltet und schließlich erlischt. Diesen Weg wird auch unsere Sonne gehen, allerdings steht sie mit einem Alter von 5 Milliarden Jahren in ihrer Blütezeit.

Neutronensterne und Schwarze Löcher

Sterne mit einem Vielfachen der Sonnenmasse durchlaufen ihre Fusionsphase wesentlich schneller. Sie verbrauchen ihren Brennstoff in nur wenigen Millionen Jahren. Danach ist das Ende umso heftiger. Erlischt die Energieproduktion im Zentrum und überschreitet die Masse des Kerns das etwa 1,4-fache der Sonnenmasse, bricht er unter seiner eigenen Schwerkraft schlagartig zusammen. Dabei wird eine Stoßwelle erzeugt, die die verbliebene Hülle des Sterns in den Weltraum sprengt. Diesen Prozess sehen wir als *Supernova*, die heller als sämtliche Sterne einer Galaxie aufleuchten kann. Der *Emissionsnebel* M 1, auch als Krebsnebel bekannt, ist ein solcher Überrest einer Supernova aus dem Jahre 1054. Übrig bleibt eine extrem dichte Kugel von nur etwa 20 Kilometern Durchmesser – ein *Neutronenstern*. Sein starkes Magnetfeld bewirkt, dass elektrisch geladene Teilchen - vor allen Elektronen - auf Spiralbahnen entlang der Magnetfeldlinien beschleunigt werden. Dabei wird sog. Synchrotonstrahlung in einem engen Kegel um die Magnetfeldachse emittiert. Fallen die Rotationsachse des Neutronensterns und seine Magnetfeldachse nicht zusammen, beschreibt dieser Strahlungskegel eine Kreisbahn und kann wie bei einem Leuchtturm mit jeder Umdrehung über den Beobachter streichen. Dann spricht man von einem *Pulsar*. Überschreitet der Restkern eines Sterns aber etwa die 3-fache Sonnenmasse, ist der Zusammenbruch durch keine Kraft mehr aufzuhalten: Die Materie verdichtet sich auf einen unendlich kleinen Punkt, ein *Schwarzes Loch* ist entstanden, dessen Schwerkraft so stark ist, dass sogar Licht nicht mehr entweichen kann.

Tipp: Zahlreiche detaillierte Fotografien finden Sie auf der Webseite des Hubble-Weltraumteleskops:

- www.spacetelescope.org

Im Zentrum von M 1 rotiert ein Neutronenstern extrem schnell. Alle 33 Millisekunden streicht sein Strahlungskegel über die Erde, er wird deshalb als Millisekunden-Pulsar bezeichnet.

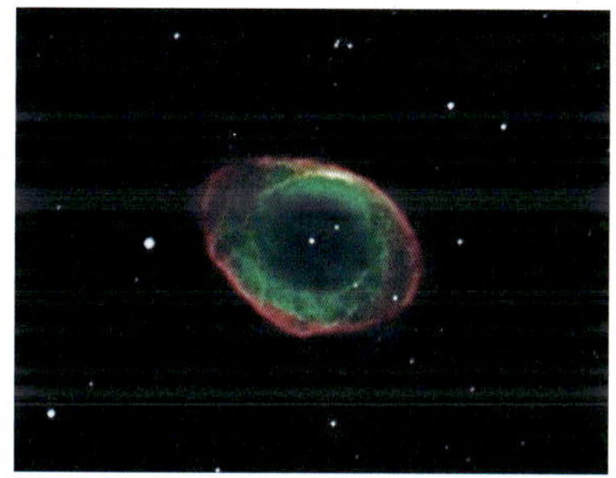

Der Ringnebel M 57 ist die abgestoßene Hülle eines Sterns, der heute als Weißer Zwerg im Zentrum des Nebels sichtbar ist.

11 Die Farben der Sterne

Die Oberflächentemperatur eines Sterns bestimmt, in welcher Farbe wir diesen sehen können oder, anders gesagt, in welchem Spektralbereich ein Stern die meiste Energie abstrahlt. Sehr heiße Sonnen mit Oberflächentemperaturen über 10.000K (*Kelvin*) strahlen die meiste Energie jedoch in dem für den Menschen nicht wahrnehmbaren *Ultravioletten* und kühle Sterne mit Temperaturen unter 3000K im *Infraroten* ab. So erscheint die Mehrzahl aller Sterne dem bloßen Auge als weißer Lichtpunkt. Einige wenige wie z.B. Beteigeuze im Orion oder Antares im Skorpion mit Temperaturen um 3000K nimmt man als orange-rot wahr. Durch ein Teleskop oder Fernglas können wir darüber hinaus auch noch blaue oder gelbe Farbtöne erkennen.

Buntes Spektrum

Die physikalischen Eigenschaften eines Sterns werden im Wesentlichen durch Masse, Radius, Leuchtkraft, Temperatur und chemische Zusammensetzung bestimmt. Ihre Spektren weisen dementsprechend eine große Vielfalt auf und werden nach einem bestimmten System, den *Spektralklassen* mit den Abkürzungen O, B, A, F, G, K, M, geordnet. Um sich die Reihenfolge leicht behalten zu können, ist folgender Spruch hilfreich: Offenbar benutzen Astronomen furchtbar gerne komische Merksätze. Bestimmte Muster in einem Spektrum, die sog. *Spektrallinien*, dienen als Unterscheidungsmerkmal, in welche Spektralklasse ein Stern eingeordnet werden kann.

Große und kleine Leuchten

Allein die Spektralklasse ist jedoch nicht ausreichend, um die Sterne systematisch einzuordnen. Unter den Sternen gleicher Spektralklasse gibt es auch Riesensterne, die z.B. mit derselben Masse wie ihre kleineren Geschwister den 200-fachen Sonnendurchmesser erreichen können. Deshalb unterscheidet man noch verschiedene sog. *Leuchtkraftklassen*: Zwerge, Unterriesen, Riesen, helle Riesen und Überriesen.

Klasse	Farbe	Temperatur	Sonnenmassen	Beispiel
O	blau	50.000K	20	Alnilam (Überriese)
B	blau-weiß	28.000K	17	Rigel (Überriese)
A	weiß	9900K	2,6	Wega (Zwerg)
F	weiß-gelb	7400K	1,4	Prokyon (Unterriese)
G	gelb	6000K	1	Sonne (Zwerg)
K	orange	4900K	1,5	Arktur (Unterriese)
M	rot-orange	3500K	15	Beteigeuze (Überriese)

Steckbrief der Sterne

Sehr anschaulich kann man den Zusammenhang zwischen Temperatur und *Leuchtkraft* im sog. *Hertzsprung-Russell-Diagramm* (HRD) darstellen. Dessen senkrechte Achse steht für die *absolute Helligkeit* oder die Leuchtkraft (Sonne = 1) und die waagrechte Achse für die Temperatur oder die Spektralklasse eines Sterns. Die eingetragenen Sterne liegen dabei nicht wild durcheinander, sondern es ergibt sich eine markante Verteilung, bei der sich die allermeisten Sterne in einem breiten Band, der sog. *Hauptreihe* befinden, das von links

Leuchtkraftklasse	Absolute Helligkeit
Überriesen	-10^M bis -5^M
Helle Riesen	-5^M bis $-2{,}5^M$
Riesen	$-2{,}5^M$ bis 0^M
Unterriesen	0^M bis $2{,}5^M$
Zwerge	$2{,}5^M$ bis 15^M

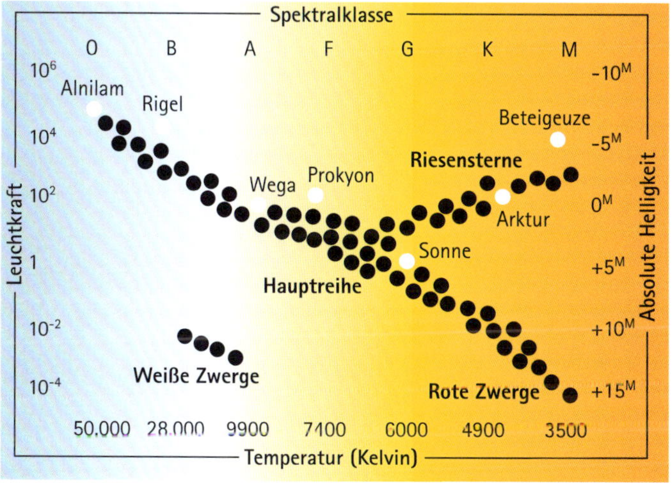

Das Hertzsprung-Russell-Diagramm, kurz HRD, ist der Schlüssel zum Verständnis der Sternentwicklung. Die meisten Sterne befinden sich entlang der Hauptreihe, da sie dort den größten Teil ihres Lebens verbringen: die massenreichen Sterne am linken oberen Ende, die massearmen rechts unten.

oben nach rechts unten verläuft. Unsere eigene Sonne ist ebenfalls ein Hauptreihenstern. Rechts oben findet man die Riesensterne und links unten die nur noch etwa erdgroßen Weißen Zwergsterne.

Sterne lieben es gesellig

Sterne sind Menschen in einem Punkt ähnlich, sie neigen dazu, sich zu mehreren zusammenzuschließen. Da sie gemeinsam in den ausgedehnten Gaswolken unserer Milchstraße als Gruppen entstehen, z.B. als Sternhaufen, ist dies nicht ungewöhnlich.

Körperliche Anziehung

Gut die Hälfte aller Sterne in der Milchstraße befindet sich in Doppel- oder Mehrfachsternsystemen. Diese Sterne umkreisen einen gemeinsamen Schwerpunkt und verbringen ihre weitere Entwicklung miteinander. Man nennt sie *physische Doppelsterne*. In solchen Systemen können besonders schön die verschiedenen Farben der Spektralklassen beobachtet werden. Zum Beispiel steht das Doppelsternsystem Albireo im Schwan – ein blauer Überriese der Spektralklasse B und ein orangefarbiger Unterriese der Spektralklasse K – für einen besonders auffälligen Farbkontrast. Nicht visuell erkennbare Doppelsterne sind *spektroskopische*, *photometrische* und *astrometrische* Doppelsterne.

Lose Verbindung

Manche Sterne begegnen sich jedoch nur eine begrenzte Zeit und eher zufällig: die *geometrischen Doppelsterne*. Ihre eigene Geschwindigkeit ist zu groß, als dass sie eine stabile Bahn umeinander halten können, so dass sie sich wieder voneinander entfernen.

Scheinehe

Es sind jedoch auch Paare zu finden – sog. optische Doppelsterne – die eigentlich nichts miteinander zu tun haben, sondern aufgrund der Perspektive nur scheinbar dicht am Nachthimmel zusammen stehen. Tatsächlich können diese Sterne Lichtjahre voneinander entfernt sein.

Wissen

12 Sterne sind nicht immer gleich

Im August 1596 beobachtete der friesische Pfarrer und Amateurastronom David Fabricius einen ihm bis dahin unbekannten Stern im Sternbild Walfisch. 1638 konnte schließlich nachgewiesen werden, dass er seine Helligkeit verändert. Da man bis zu diesem Zeitpunkt davon ausging, dass Sterne konstant hell leuchten, gab man dem Stern im Walfisch den Namen Mira, die Wunderbare. Damit begann die Erforschung der *veränderlichen Sterne*, Sonnen, die nicht konstant hell leuchten, sondern in ihrer Helligkeit binnen vieler Jahre, Tage oder Stunden beträchtlich schwanken können.

Auf die Perspektive kommt es an

Bei den *Bedeckungsveränderlichen* spielt der Zufall eine große Rolle. Hierbei handelt es sich nämlich um Doppel- oder Mehrfachsternsysteme, deren Bahnebene so liegt, dass von der Erde aus gesehen ein Stern einen anderen während eines Umlaufs bedeckt. So fällt die Helligkeit regelmäßig auf ein Minimum, um danach wieder anzusteigen und wieder abzusinken. Diese Sonnen verändern also nicht ihre *absolute Helligkeit*. Der bekannteste Vertreter dieser Veränderlichen ist der Stern Algol im Sternbild Perseus.

Mal größer, mal kleiner

Die *Pulsationsveränderlichen* dagegen ändern wirklich ihre Größe und ihre Oberflächentemperatur und daran gekoppelt ihre Helligkeit. Sie befinden sich in einem ständigen Wandel zwischen Ausdehnung und Kontraktion: Sie pulsieren. Ein besonderer Glücksfall der Gattung sind die *Cepheiden*. Die absolute Helligkeit dieser Sonnen ist streng an ihre Periode gebunden. Ist bekannt, wie schnell ein solcher Stern pulsiert, kennt man automatisch seine absolute Helligkeit und zusammen mit seiner *scheinbaren Helligkeit* auch seine Entfernung. Wenn man das Glück hat, Cepheiden in einer anderen Galaxie aufzuspüren, kennt man auch die Entfernung zu diesem Sternsystem.

Das Sternbild Nördliche Krone verbirgt ein kleine Attraktion: der Veränderliche Stern R Coronae Borealis (R CrB). Normalerweise ist diese Sonne etwa 6^m hell und leuchtet jahrelang konstant, bis plötzlich die Helligkeit um bis zu acht Größenklassen absinkt, weil eine vom Stern ausgestoßene Kohlenstoffwolke das Licht absorbiert.

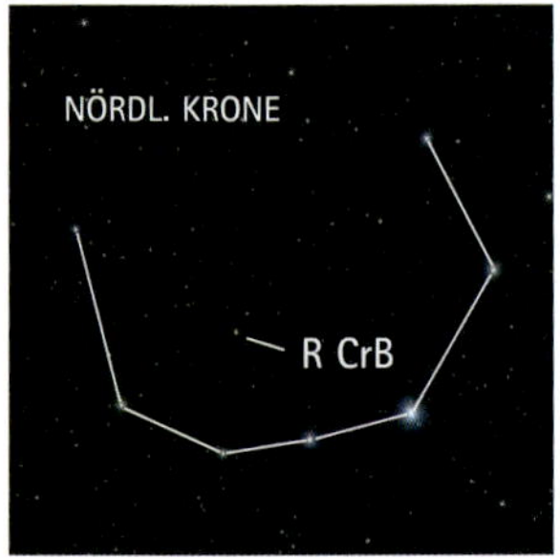

Stellare Eier

Doppelsterne, die eine besonders enge Verbindung eingegangen sind und sehr nah umeinander kreisen, können sich derart stark anziehen, dass sie sich verformen und zu stellaren »Eiern« werden. Diese *Rotationsveränderlichen* schwanken in der Helligkeit während ihrer Rotation je nachdem, ob man auf die schmale oder breite Seite blickt. Eine andere Spielart dieser Veränderlichen ist das Auftreten riesiger *Sonnenflecken* (eigentlich Sternflecke) auf einer Seite des Sterns. Die Helligkeitsschwankungen dieser Gruppe von Sternen sind allerdings sehr gering.

Plötzlich da

Die dramatischsten Helligkeitsschwankungen zeigt die Gruppe der *Eruptionsveränderlichen*. Die Leuchtkraft dieser Sterne kann innerhalb weniger Tagen um einige Größenordnungen ansteigen. Die Eruptionen sind meist nicht vorhersagbar und folgen keiner genauen Periode. Die bekannteste Art sind die *Novae*, die ursprünglich für das Erscheinen eines neuen Sterns gehalten wurden. Novae entstehen in engen Doppelsternsystemen, bei dem einer der Partner ein *Weißer Zwerg* ist. Vom Begleitstern fließt Materie auf den Weißen Zwerg, bis sich soviel Material auf seiner Oberfläche angesammelt hat, dass sie dicht und heiß genug ist, damit eine Kernfusion einsetzt. Das angesammelte Material wird dabei zum großen Teil abgestoßen – danach beginnt das Spiel von vorn. Man spricht in diesem Fall von einer wiederkehrenden Nova. Sammelt der Weiße Zwerg jedoch soviel Materie an, dass er eine bestimmte Masse überschreitet, kommt es zu einer *Supernova*explosion. Auch Sterne mit mehr als etwa 8 Sonnenmassen enden in einer solchen Explosion. Die dabei erzeugte Energie ist so gigantisch, dass der Stern bis zum milliardenfachen seiner ursprünglichen Leuchtkraft zulegen kann – als ob ein neuer Stern am Himmel strahlen würde. Danach nimmt die Helligkeit wieder langsam ab.

Tipp: Gönnen Sie sich im Herbst ein »teuflisches« Vergnügen und beobachten den seit langem bekannten Bedeckungsveränderlichen Algol, auch Teufelsstern genannt. Sie finden diesen Stern im Sternbild Perseus. Algols *scheinbare Helligkeit* verringert sich regelmäßig von $2^{m}_{,}1$ auf $3^{m}_{,}4$ – und zwar genau alle 68h 48min und 56s immer dann, wenn sein schwächerer Begleiter vor der Sternscheibe Algols vorrüberzieht. In einem astronomischen *Jahrbuch* können Sie die kommenden Minima und Maxima nachlesen.

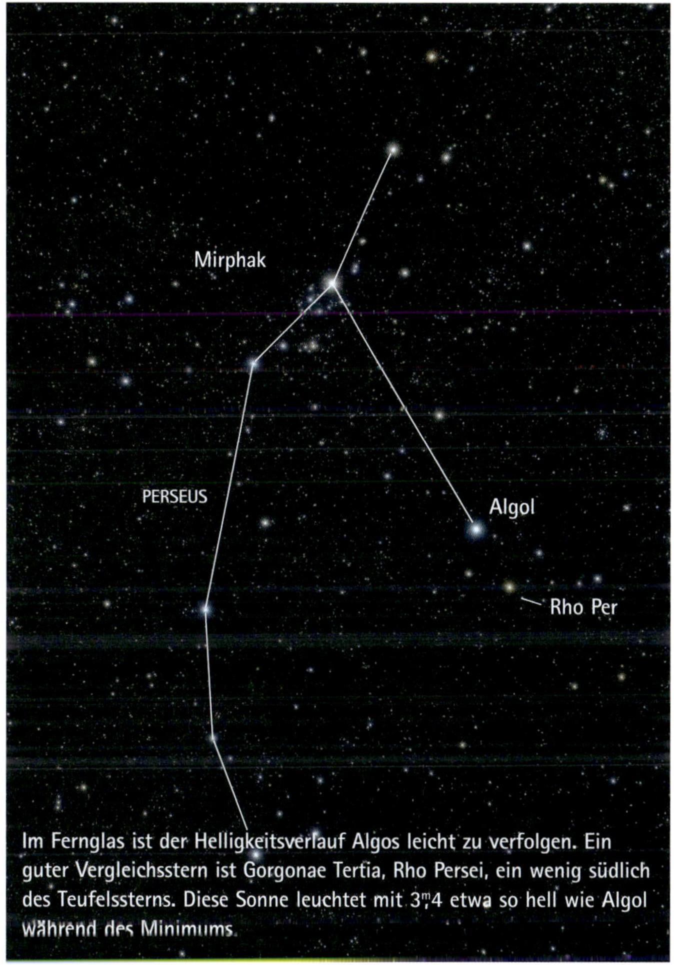

Im Fernglas ist der Helligkeitsverlauf Algos leicht zu verfolgen. Ein guter Vergleichsstern ist Gorgonae Tertia, Rho Persei, ein wenig südlich des Teufelssterns. Diese Sonne leuchtet mit $3^{m}_{,}4$ etwa so hell wie Algol während des Minimums.

13

Wissen

Weshalb sehen wir die Milchstraße?

Der Anblick der Milchstraße ist eines der größten Wunder, das uns die Natur bietet. In einer klaren mondlosen Sommernacht, fernab vom störenden Licht der Städte, überspannt ihr mattes Leuchten das gesamte Firmament. Bei genauerem Hinsehen werden dunkle Bereiche im Wechsel mit hellen Verdichtungen sichtbar, die sich in große wolkenartige Strukturen und kleine schwach leuchtende Flecken gliedern. Alleine die Beobachtung mit dem bloßen Auge bleibt stundenlang spannend.

Kosmische Heimat

Was wir dort am Himmel finden, ist in kosmischem Maßstab gesehen unsere Heimat, die *Galaxis*: eine Ansammlung von mehreren 100 Milliarden Sternen, die gemeinsam ein Zentrum umkreisen. Von außen gesehen gleicht sie einer vier- oder fünfarmigen Spirale mit 100.000 Lichtjahren Ausdehnung und einer Dicke von 3000 Lichtjahren. Der zentrale Bereich der Scheibe, der *Bulge*, ist ausgebaucht und erreicht eine Dicke von 16.000 Lichtjahren. Eingehüllt wird unsere Milchstraße – einer Atmosphäre gleich – von einem 165.000 Lichtjahre großen kugelförmigen *Halo*. Die Proportionen sind in etwa mit einer CD vergleichbar, in deren Loch als zentrale Ausbuchtung eine Murmel stecken würde. Unsere direkte Heimat, das Sonnensystem, befindet sich in einem der Spiralarme in etwa 26.000 Lichtjahren Entfernung zum Zentrum, ungefähr 45 Lichtjahre oberhalb der Ebene. Das Alter dieses fantastischen Gebildes wird auf rund 13 Milliarden Jahre geschätzt und es ist damit nur wenig jünger als das *Universum* insgesamt.

Nur die Nachbarschaft

Mit dem bloßen Auge überblicken wir lediglich einen kleinen Teil unserer Milchstraße, denn je nach Leuchtkraft der Sterne dringt ihr Licht nur noch aus Entfernungen von einigen Lichtjahren bis zu mehreren tausend Lichtjahren zu uns. Unter einem dunklen Himmel beträgt ihre Anzahl rund 6000 – sie bilden damit den vertrauten Himmel mit seinen Sternbildern. Die übrigen Sterne unserer Galaxis erscheinen zu schwach, als dass sie mit dem bloßen Auge einzeln wahrgenommen werden könnten. Erst im Teleskop wird die wahre Natur der Milchstraße als riesige Ansammlung einzelner Sterne erkennbar.

Dicht an dicht

Dort, wo wir gerade in die Ebene unserer scheibenförmigen Galaxis blicken, stehen die Sterne dicht an dicht am Himmel. Ihr gemeinsames Licht erscheint uns als flächiges Leuchten, welches wir als das Band der Milchstraße bewundern können. Besonders in Richtung des Sternbilds Schütze wird dieses Band immer heller und breiter. Dort liegt das Zentrum unserer Galaxis mit der größten Sterndichte. Von innen heraus gesehen gleicht un-

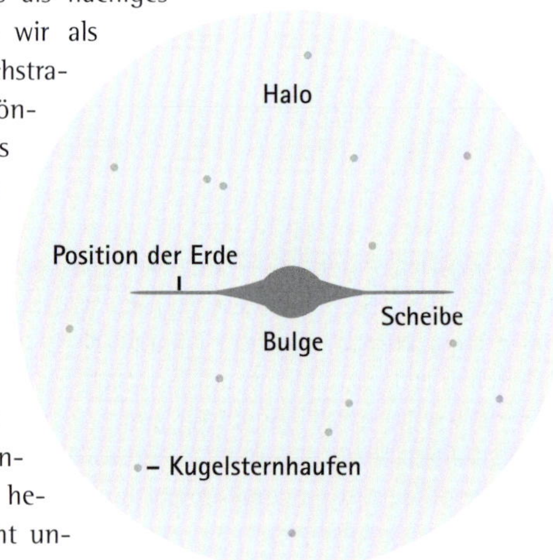

Die Sommermilchstraße im Bereich des Sternbilds Schütze. Deutlich sichtbar sind helle Sternwolken im Wechsel mit Dunkelwolken.

sere Milchstraße also in etwa einer Galaxie, bei der wir von außen gesehen genau auf die Kante blicken.

Mehr als Sterne

Die für uns sichtbaren *Deep-Sky-Objekte* wie Sternhaufen und Gasnebel sind allesamt Bestandteile unserer Milchstraße. Eine Besonderheit stellen die etwa 150 bekannten *Kugelsternhaufen* dar, die nicht alleine in der galaktische Scheibe zu finden sind, sondern ebenfalls den galaktischen Halo bevölkern und das Milchstraßenzentrum umkreisen. Nicht zu den Objekten der Milchstraße gehören jedoch die weit entfernt im Weltall liegenden *Galaxien*, die eigene Weltinseln darstellen. Sie werden manchmal ebenfalls irreführend als »Nebel« bezeichnet.

Tipp: In unseren Breiten ist die Sommermilchstraße besonders gut in den Neumondnächten der Monate Juli und August sichtbar. Dann steigt auch die an Gasnebeln und Sternhaufen reiche Region um das Sternbild Schütze über den Horizont. In einem Fernglas werden dort etliche dieser Deep-Sky-Objekte sichtbar. Ein weiteres ergiebiges Beobachtungsfeld finden Sie im Sternbild Schwan. Hier ist die Milchstraße von einer mächtigen Dunkelwolke geteilt, die den Blick auf dahinter liegende Sterne verwehrt. Falls Sie in der Stadt oder in Stadtnähe wohnen, müssen Sie für einen ungetrübten Genuss allerdings meist eine Autofahrt von einer halben bis zu einer Stunde unternehmen, um die Lichtglocken der Siedlungs- und Industriegebiete hinter sich zu lassen.

14

Wissen

Haufenweise Sterne

Sterne sind in ihren jungen Jahren sehr »gesellige Wesen«. Sie entstehen in Gemeinschaften, die mehr oder weniger stark zusammenhängen und ganz unterschiedliche Entwicklungen durchlaufen: den Sternhaufen.

Offene Beziehung

Die Mitglieder eines *Offenen Sternhaufens* entstehen gemeinsam aus derselben Gaswolke. Diese besitzt so viel Masse, dass sie sich nicht zu einem einzelnen Stern zusammenballen kann. So können sich während des Kollapses der Gaswolke bis zu mehrere tausend einzelne Verdichtungen bilden, aus denen sich Sterne entwickeln. Dies geschieht innerhalb unserer Galaxis auch heute noch und sorgt für einen stetigen Nachschub an jungen Sonnen. Etwa 1000 Offene Sternhaufen sind bis heute bekannt, die tatsächliche Anzahl wird jedoch wesentlich höher geschätzt. Da diese *Deep-Sky-Objekte* ausschließlich in der Scheibe der Milchstraße zu finden sind, werden sie auch galaktische Sternhaufen genannt.

Die Plejaden sind ein sehr heller Offener Sternhaufen, der schon aus der Stadt heraus zu erkennen ist. Insgesamt besteht der Haufen aus über 1000 noch jungen Sonnen.

Lose Bindung

Offene Sternhaufen werden nicht alt, denn die einzelnen Sterne sind gewissermaßen Nestflüchter. Je nach Anzahl der Sterne und Durchmesser des Haufens wird die Gruppe unterschiedlich stark durch ihre Schwerkraft zusammengehalten. Die meisten Offenen Sternhaufen lösen sich durch gegenseitige Störungen ihrer Mitglieder schon nach einigen Millionen Jahren auf, einige wenige sehr sternreiche schaffen mehrere 100 Millionen Jahre. Die einzelnen noch jungen Sonnen driften mit der Zeit immer weiter auseinander, behalten aber ungefähr eine gemeinsame Reiserichtung innerhalb der Milchstraße bei. Gruppen von Sternen mit gleicher Bewegungsrichtung, die am Himmel jedoch so weit auseinander stehen, dass eine Zusammengehörigkeit nicht sofort erkennbar ist, nennt man *Bewegungshaufen*.
Sternassoziationen hingegen sind Gruppen von 100 bis 1000 Sonnen mit ähnlichen physikalischen Eigenschaften, die sich über ein größeres Raumgebiet verteilen und deshalb nicht so dicht wie Offene Sternhaufen sind.

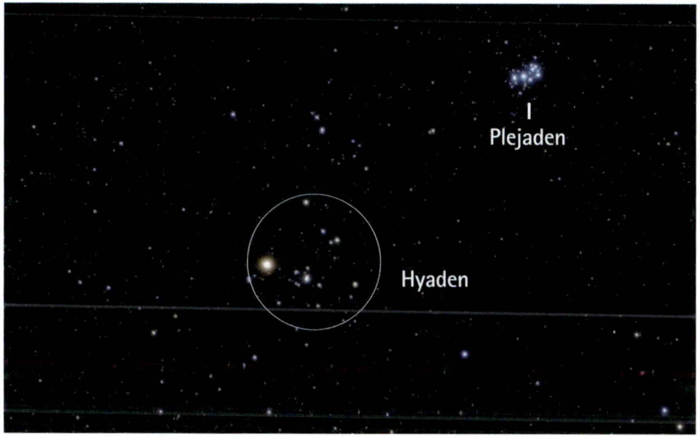

Die Hyaden im Sternbild Stier bewegen sich gemeinsam auf einen Punkt nahe bei Beteigeuze im Orion zu. Sie bilden zusammen mit den Plejaden einen Bewegungshaufen, den Taurus-Sternstrom. Da die Hyaden nur 150 Lichtjahre von uns entfernt sind, erscheinen sie so groß, dass sie als Sternhaufen gar nicht mehr wahrzunehmen sind.

Der Kugelsternhaufen M 53 zieht derzeit in etwa 61.000 Lichtjahren Entfernung seine Bahn im Halo der Milchstraße. Für eine Umrundung benötigt er eine Milliarde Jahre, die größte Entfernung, die er auf dieser Rundreise erreicht, beträgt 100.000 Lichtjahre.

Enge Gemeinschaft

Im Gegensatz zu den Offenen Sternhaufen sind in Kugelsternhaufen die Sterne viel dichter gepackt. Die Anzahl der Sterne innerhalb eines solchen Haufens beträgt oft mehrere hunderttausend. Auf einem Planeten innerhalb eines *Kugelsternhaufens* wäre der Himmel wohl mit tausenden von Sonnen erleuchtet, die heller strahlten als Sirius, derhellste Stern am Nachthimmel. Die Kugelsternhaufen sind die ältesten Mitglieder unserer Milchstraße. Viele dieser Exemplare haben ein Alter um die 10 Milliarden Jahre. Neue Sterne entstehen in diesen Haufen allerdings nicht mehr.

Wanderburschen

Alle Kugelsternhaufen befinden sich auf Wanderschaft und verteilen sich in einem kugelförmigen Raum um die Milchstraße, dem sog. *Halo*. Ihre größte Konzentration ist in der Nähe des galaktischen Zentrums, welches sie auf teilweise sehr exzentrischen Bahnen umkreisen. Sie befinden sich also meistens nicht wie die Offenen Sternhaufen innerhalb der galaktischen Scheibe, sondern durchqueren diese während ihrer Rundreise durch die Milchstraße. Etwa 150 Kugelsternhaufen sind derzeit bekannt, einige schöne Exemplare befinden sich in den Sternbildern Schlangenträger, Skorpion und Schütze.

15

Wissen

Sind alle Galaxien gleich?

Auf lang belichteten Astrofotografien erscheinen *Galaxien* in sehr unterschiedlichen Formen: mehr oder weniger lang gezogene Ovale, große kreisförmige Scheiben, zum Teil durch Spiralen strukturiert, dünne Striche und unregelmäßige »Nebel«. Diese Formen entstehen einerseits wegen der Perspektive, aus denen wir die Galaxien sehen können, und andererseits aufgrund ihrer tatsächlichen Gestalt.

Inseln im Weltall

Galaxien sind gewaltige Ansammlung von Sternen, Planetensystemen, Gaswolken und Staubwolken, die gravitativ miteinander verbunden sind und ein gemeinsames Zentrum umkreisen. In den Weiten des Universums bilden sie Welteninseln mit bis zu einigen Billionen Sonnenmassen. Diese Sternsysteme sind in der Regel nicht alleine zu finden, sondern meistens in Gruppen von wenigen Dutzend bis hin zu mehren Tausend Mitgliedern.

Hubbles Klassiker

Je nach Gestalt werden Galaxien in verschiedene Klassen eingeteilt. Diese sog. *Hubble-Klassifikation* – benannt nach dem amerikanischen Astronomen Edwin Hubble – wurde zwar schon 1936 entwickelt, ist aber heute noch in erweiteter Form in Gebrauch. Die »klassischen« Formen sind dabei elliptische Galaxien, Spiralgalaxien und Balkenspiralgalaxien.

Die Ellipsen (E)

Die meisten uns bekannten Galaxien zählen zur Klasse der elliptischen. Diese Galaxien zeigen in der Regel keine Strukturen, einen nach außen hin gleichmäßig schwächer werdenden, haloförmigen Galaxienkörper und ein helleres Zentrum. Die Sterne in solchen Galaxien sind sehr alt und

neue Sterne entstehen kaum mehr. Man könnte solche Galaxien auch als »tot« bezeichnen. Unter den elliptische Galaxien gibt es ungewöhnlich große Riesengalaxien, wie M 87 im Zentrum des Virgo-Galaxienhaufens. Man nimmt an, dass diese im Laufe der Zeit aus der Vereinigung einer oder mehrerer kleiner Galaxien entstanden sind. Das Größenspektrum dieser Galaxienklasse ist sehr groß, so gibt es z.B. auch sehr kleine elliptische Zwerggalaxien.

Die Linsen (SO)

Die linsenförmigen Galaxien stellen mit ihrer Form ein Bindeglied zwischen den elliptischen Galaxien und den Spiral- bzw. Balkenspiralgalaxien dar. Sie zeigen eine Galaxienscheibe und einen deutlich ausgeprägten Halo, es fehlen jedoch die Spiralarme oder diese sind nur ansatzweise vorhanden.

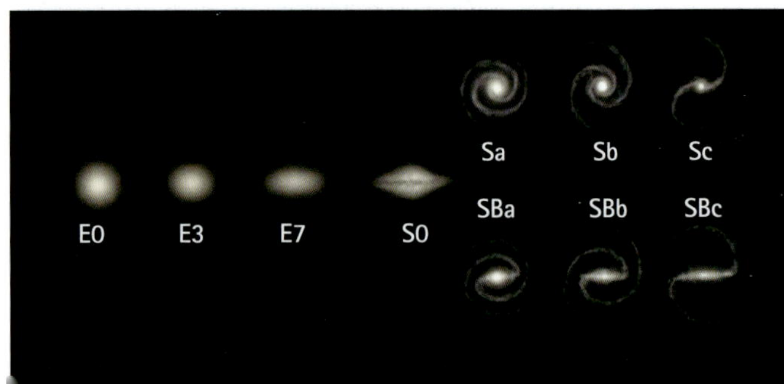

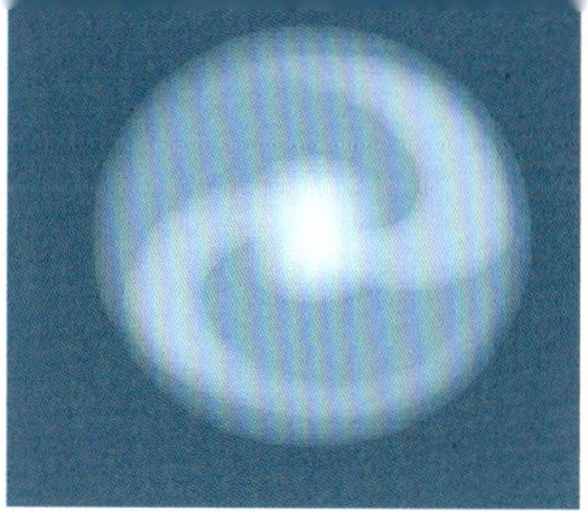

Die Spiralen (S)

Charakteristisch für diese Galaxienklasse sind die mehr oder weniger stark ausgeprägten Spiralarme, eingebettet in eine Galaxienscheibe und die zentrale Verdickung, den Bulge. Die Spiralarme werden von einem Bestand junger Sterne geprägt, deren hellste Vertreter auf Fotografien einen bläulichen Farbton zeigen. Sie beinhalten auch aktive Sternentstehungsgebiete, die sich durch rötlich leuchtenden Wasserstoff verraten, die sog. ***HII-Regionen***. Die Sternentstehung ist in diesen Galaxien also noch in vollem Gange. Auf lang belichteten Aufnahmen von M 33, der Triangulumgalaxie im Sternbild Dreieck, sind diese Gebiete gut sichtbar.

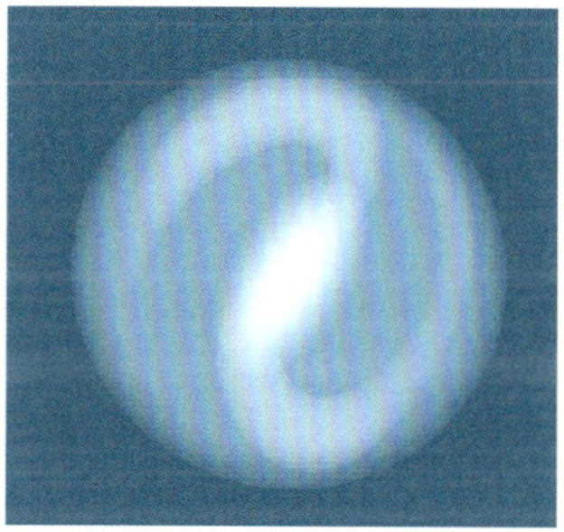

Die Balkenspiralen (SB)

Das Zentrum der Balkenspiralgalaxien ist einem Balken gleich länglich auseinander gezogen, an den sich die Spiralarme direkt anschließen. Neben den Sternentstehungsgebieten in den Spiralarmen ist hier besonders der Balkenbereich des Kerns ein aktives Sternentstehungsgebiet.

◂ Die Hubble-Klassifikation stellt keine zeitliche Entwicklung von Galaxien dar. Der linke Ast des Schemas beginnt bei den elliptischen Galaxien, die mit zunehmender Abplattung von E0 bis E7 bezeichnet werden. Letztes Glied in diesem Ast sind die linsenförmigen Galaxien S0. Den oberen Arm im rechten Teil des Diagramms bilden die Spiralgalaxien. Sie werden je nach dem Abstand der Spiralarme mit Sa bis Sc gekennzeichnet. Für die Balkenspiralgalaxien SBa bis SBc im unteren Arm gilt das gleiche.

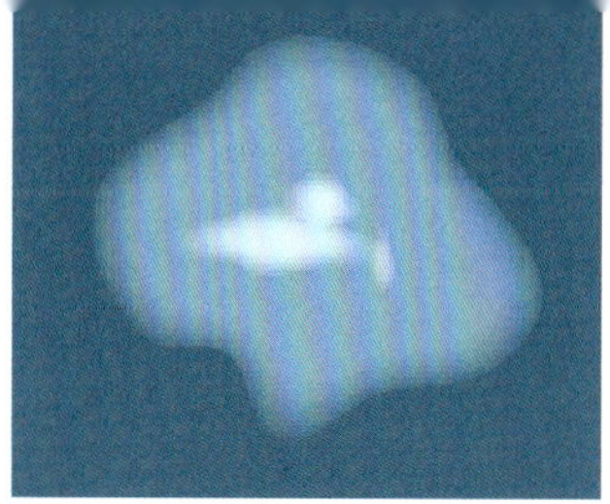

Die Irregulären (Ir)

Auf etwa 3% aller Galaxien trifft die ursprüngliche Hubble-Klassifikation nicht zu. Sie sind unregelmäßig geformt, weder elliptisch, noch besitzen sie Spiralarme oder einen ausgeprägten Kern. Diese irregulären Galaxien sind meist sehr klein und leuchtschwach, Zwerggalaxien fallen deshalb oft in diese Gruppierung. Die direkte Nachbarschaft der Milchstraße bilden zwei bekannte irreguläre Galaxien – die Große und die Kleine Magellansche Wolke.

Die Aktiven

Die sog. ***aktiven Galaxien*** stellen keine eigene Galaxienklasse an sich dar, sondern sie zeichnen sich durch ein besonders helles Kerngebiet aus. Dort wird von einer etwa sonnensystemgroßen Region Strahlung freigesetzt, die der Leistung von bis zu 100 Milliarden Sonnen entspricht! Berechnungen und genaue Beobachtungen lassen den Schluss zu, dass sich im Zentrum dieser Galaxien ein sehr massereiches ***aktives Schwarzes Loch*** befindet, das stetig mit neuer Materie »gefüttert« wird, welche beim Fall in das Schwarze Loch einen Teil ihrer Bewegungsenergie als Strahlung abgibt. Die Quasare (quasistellare Radioquellen) gehören innerhalb der aktiven Galaxien zu den leuchtstärksten Objekten. Aufgrund ihrer ungeheuren Entfernungen von teilweise über 10 Milliarden Lichtjahren werden die *Quasare* nur noch als punktförmige (»quasistellare«) Lichtquellen wahrgenommen. Mehr oder weniger massereiche Schwarze Löcher im Zentrum von Galaxien scheinen im Universum der Normalfall zu sein. Wenn sie jedoch keinen stetigen Nachschub an Materie erhalten, sind sie passiv und relativ unscheinbar - wie auch das Schwarze Loch im Zentrum unserer Milchstraße.

Wissen

16 Wie weit entfernt ist die Andromedagalaxie?

Unsere Vorfahren sahen den nächtlichen Himmel als umgestülpte Halbkugel, an deren Innenseite die Sterne befestigt sind: das Himmelsgewölbe. Dieses Bild können wir auch heute noch bei jedem Blick auf das Firmament leicht nachvollziehen. Aber in Wirklichkeit befinden sich die Sterne und *Deep-Sky-Objekte* in unterschiedlichen Entfernungen zur Erde und genau betrachtet können wir sie noch nicht einmal »gleichzeitig« sehen. Unsere Sinne sind nicht dafür geschaffen, den Himmel in seinen wahren Dimensionen zu erfassen.

Tempolimit 300.000

Dass wir ein Gestirn sehen können, liegt daran, dass es Licht aussendet oder zumindest, wie im Fall der Planeten, Licht reflektiert, welches schließlich auf die Netzhaut unserer Augen trifft. Das Licht bewegt sich dabei mit der gigantischen Geschwindigkeit von etwa 300.000 Kilometern in der Sekunde. Die *Lichtgeschwindigkeit* ist die höchste Geschwindigkeit, die überhaupt möglich ist. Physikalisch begründet wird dies in Einsteins spezieller Relativitätstheorie. Die Strecke, die das Licht dabei innerhalb eines Jahres zurücklegt, wird als *Lichtjahr* bezeichnet und ist die gebräuchliche Maßeinheit für astronomische Entfernungen.

Altes Licht

Da das Licht sich zwar sehr schnell, aber dennoch mit endlicher Geschwindigkeit ausbreitet, benötigt es Zeit, um uns zu erreichen. Und das ist der eigentliche Clou, denn somit können wir quasi in die Vergangenheit schauen: Das Objekt, welches wir beobachten, erscheint uns so, wie es aussah, als es sein Licht aussandte. Die Entfernung entspricht seiner »Zeitdistanz«. Zum Beispiel benötigt das Licht unserer Sonne für die Strecke von 150 Millionen Kilometern etwa 8 Minuten bis zur Erde – also sehen wir die Sonne, wie sie vor 8 Minuten aussah. Vom durchschnittlich 1,3 Milliarden Kilometer entfernten Saturn ist das Licht über eine Stunde unterwegs und das Bild vom nächsten Sternsystem, Alpha Centauri, ist schon gut 4 Jahre »alt«, wenn es die Erde erreicht.

Astronomische Längenmaße

- Lichtjahr = 9,5 Billionen Kilometer
- Lichtstunde = 1,1 Milliarden Kilometer
- Lichtminute = 18 Millionen Kilometer
- Lichtsekunde = 300.000 Kilometer

Alternativ wird die Entfernungseinheit Parsec gebraucht:

- 1 Parsec = etwa 3,3 Lichtjahre
- 1 Megaparsec = etwa 3,3 Millionen Lichtjahre

Astroarchäologie

Noch größere Entfernungen sind einfacher zu begreifen, wenn man sich vorstellt, was auf der Erde geschah, als das Licht auf die Reise ging. Der Ringnebel M 57 im Sternbild Leier zum Beispiel ist ca. 2300 Lichtjahre entfernt, sein Licht stammt also aus der Zeit vor der Geburt Christi. Das Leuchten von M 13, der in ca. 25.000 Lichtjahren Distanz zu finden ist, hat seinen Ursprung in der Jüngeren Altsteinzeit, als der Homo Sapiens Europa besiedelte. Bis zur nächsten, unserer Milchstraße ähnlichen Galaxie, ist die Zeitverzögerung schon gewaltig: rund 2,5

medagalaxie M 31. Etwa zu dieser Epoche begannen die Polregionen der Erde nach einer Warmzeit wieder zu vereisen und markierten den Beginn des jüngsten Eiszeitalters. Ein weiteres Highlight am Nachthimmel lässt sich mit der Erdgeschichte verknüpfen: der Virgo-Galaxienhaufen. Wenn Sie diese Galaxien erblicken, erreicht Sie Licht, das vor 50–60 Millionen Jahren ausgesandt wurde als die Alpen begannen sich aus dem Meer zu erheben. Das älteste Licht, das heute mit Großteleskopen eingefangen werden kann, sprengt sogar den Rahmen der Erdgeschichte, denn es stammt von Galaxien in rund 13 Milliarden Lichtjahren Entfernung, also aus einer Zeit kurz nach der Entstehung des Universums.

Wenn Sie den kleinen verwaschenen Fleck der Andromedagalaxie M 31 sehen, erreicht das Licht Ihr Auge in Form von einzelnen Photonen, die 2,5 Millionen Jahre unterwegs waren! Vielleicht wird mit dieser Vorstellung im Hinterkopf die nächste Beobachtung entfernter Galaxien und Nebel noch spannender.

Wissen

17 Wie entstand das Universum?

Mit diesem spannenden Thema beschäftigt sich die *Kosmologie*, die Lehre der Welt. Die Suche nach der Herkunft und der Entwicklung des *Universums* ist allerdings nicht nur eine Disziplin der Physik, sondern sie ist ebenfalls ein Teil der Philosophie. Das Begreifen des Universums ist eng mit der Frage nach unserer Herkunft verknüpft: Woher kommen wir? Wer sind wir? Wohin gehen wir?

Gut gebrüllt Löwe

Die heute allgemein anerkannte Vorstellung der Entstehung des Universums ist die Theorie des *Urknalls*, dem »Big Bang«. Sie beschreibt, dass unser Universum nicht schon ewig besteht, sondern zu einem bestimmten Zeitpunkt in der Vergangenheit in einem einzigen Punkt seinen Anfang nahm, und zwar explosionsartig. Dieser Ausbruch ist nicht mit einer Explosion, wie wir sie auf der Erde kennen, vergleichbar, denn Raum und Zeit entstanden erst mit dem Urknall! Das geschah nach den heutigen Berechnungen vor 13,7 Milliarden Jahren. Nach und nach entwickelten sich die Bausteine der Atome, die ersten Elemente, daraus die ersten Sterne und schließlich die etwa 100 Milliarden Galaxien, die wir heute überblicken, mit all ihren Bestandteilen – und natürlich auch allen, die wir nicht beobachten können.

Keine Platzprobleme

Seit dem Urknall dehnt sich das Universum kontinuierlich aus. Aber nicht die *Galaxienhaufen* werden durch die »Urexplosion« auseinander getrieben, sondern der Raum zwischen ihnen selbst wird stetig größer, das Universum »wächst« und schafft sich seinen eigenen Platz.

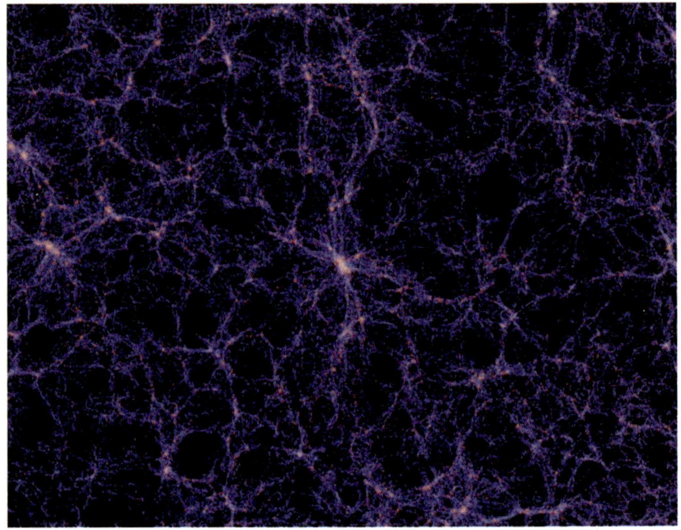

Die Galaxien im Universum sind nicht gleichmäßig verteilt, sondern bilden kettenartige Strukturen, die zu einem dreidimensionalen Netz verwoben sind.

Nichts ist ewig

Wäre das Universum unendlich groß, unendlich alt, statisch und im großen Maßstab homogen, würden auch unendlich viele Sterne an jedem Punkt des Himmels stehen. Der Himmel wäre dann so hell wie die Sonne. Dieses Paradoxon machte der deutsche Astronom Wilhelm Olbers bekannt. Es stammt aus einer Zeit, in der das Universum als ewig und unendlich aufgefasste wurde. In einem Universum unserer heutigen Vorstellung dagegen, das vor einer bestimmten Zeit entstand und sich ausdehnt, hat uns das Licht weit entfernter Sterne noch gar nicht erreicht, die in ihrer Gesamtheit den Himmel aufhellen könnten.

Hintergründige Strahlung

Den »Blitz« des Urknalls können wir auch heute noch sehen, allerdings nicht als helles Licht, sondern als für unsere Augen unsichtbare, schwache elektromagnetische Strahlung, die aus allen Himmelsrichtungen messbar ist. Es ist allerdings nicht das direkte Licht vom Urknall, denn das Universum war zunächst so heiß und dicht, dass es wie eine Nebelwand für Licht undurchsichtig war. Erst nach etwa 380.000 Jahren hatte es sich soweit verdünnt, dass sich Licht ungehindert ausbreiten konnte. Diese ehemals energiereiche Strahlung des noch jungen Universums hat auf ihrer langen Reise selbstverständlich auch die Expansion des Raums erfahren. Mit dem Raum wurden auch die Lichtwellen stark gedehnt, so dass wir heute eine energiearme *Mikrowellenstrahlung* beobachten, die nur noch einer Temperatur von knapp 3 Kelvin entspricht. Genau eine solche Strahlung wurde 1965 gefunden: die sog. 3-Kelvin-Hintergrund-Strahlung

Kosmisches Schaumbad

Das Universum besteht zum größten Teil aus »leerem« Raum. Nicht nur zwischen den Planeten, Monden und Kometen im Sonnensystem herrscht »gähnende Leere«, auch zwischen den Sternen und zwischen den Galaxien breiten sich endlose leere Weiten aus. Trotz der enormen Distanzen von vielen Millionen Lichtjahren schließen sich die Galaxien zu größeren Verbänden zusammen, den Galaxiengruppen und *Galaxienhaufen*, die durch ihre Schwerkraft zusammengehalten werden. Zum Beispiel besteht unsere eigene lokale Galaxiengruppe neben unserer Milchstraße unter anderem aus der Großen und Kleinen Magellanschen Wolke sowie der Andromedagalaxie M 31. Die Galaxiengruppen und -haufen schließen sich wiederum zu noch größeren Gemeinschaften zusammen: den *Superhaufen*. Diese sind nicht gleichmäßig im Universum verteilt, sondern bilden kettenartige Strukturen, so genannte *Filamente*, die zu einem dreidimensionalen Netz verwoben sind. Man kann sich diese Struktur, die das gesamte Universum durchzieht, auch wie einen Schaum vorstellen, wobei das Geflecht der Galaxienhaufen die Wände der Bläschen bildet. Die Hohlräume der Bläschen haben dabei in der Realität Ausmaße von einigen hundert Millionen Lichtjahren – ein wirklich kosmisches Schaumbad.

Einsame Zukunft?

Wenn das Universum einen Anfang hatte, könnte es auch ein Ende haben. In der Vergangenheit wurden vor allem zwei Alternativen diskutiert: ein offenes, unendlich großes Universum, das sich zwar abbremst, aber stetig und in alle Zeit weiter ausdehnt, und ein geschlossenes, endlich großes Universum, dessen Ausdehnung an einem bestimmten Zeitpunkt zum Stillstand kommt, und dann wieder in sich zusammenfällt, um sich möglicherweise in einem weiteren Urknall erneut zu erschaffen. Messungen von 1998 zeigen aber, dass beide Alternativen nicht zutreffen, denn die Ausdehnung des Universums beschleunigt sich stattdessen sogar. Damit werden sich die Galaxienhaufen immer weiter und immer schneller von einander entfernen und schließlich, wenn alle Sterne erloschen sind, als einsame, dunkle Weltinseln durchs Universum treiben... Was aber die Ursache der beschleunigten Expansion angeht, so herrscht noch Erklärungsbedarf. Derweil gibt es nur einen Namen dafür: die *Dunkle Energie*.

18 Wissen

Gibt es noch eine andere Erde?

Wenn man erkennt, dass die Erde nur ein kleiner Himmelskörper ist, der einen recht durchschnittlichen Stern umkreist, von dem es wiederum Millionen ähnliche alleine in der Milchstraße gibt, ist es nur natürlich anzunehmen, dass es mehr Planeten geben könnte, auf denen sich einfache Lebensformen oder sogar intelligentes außerirdisches Leben entwickelt hat.

Vor der eigenen Haustür

Weit ist man mit der Suche bis heute allerdings noch nicht gekommen, denn selbst vor unserer eigenen Haustür, im Sonnensystem, ist noch kein sicherer Beweis für Leben außerhalb der Erde gefunden worden. In der *exobiologischen* Forschung wird diskutiert, dass auf den Planeten Venus und Mars, auf den Jupitermonden Europa und Io und auf dem Saturnmonden Titan und Enceladus einfaches einzelliges Leben existieren könnte oder existiert hat. Die anderen Planeten des Sonnensystems sind dafür entweder zu heiß, zu kalt oder zu unbeständig.

Nummer 1 und 2

Seit 1992 ist aber sicher, dass wenigstens Planeten jenseits unseres Sonnensystems entstanden sind, denn in diesem Jahr wurden die beiden ersten *Exoplaneten* entdeckt. Allerdings haben diese Himmelskörper nicht viel mit der Erde gemeinsam. Sie umkreisen einen 2600 Lichtjahre entfernten *Pulsar* im Sternbild Jungfrau und auf Grund der extremen Eigenschaften ihres Zentralgestirns ist Leben dort nicht möglich.

Mehr als 3500

1995, nur wenige Jahre danach, wurde der erste Exoplanet in einem Orbit um einen sonnenähnlichen Stern gefunden. 2017 waren bereits über 3500 Planeten um andere Sterne bestätigt, wobei zwei Drittel von ihnen auf das Konto des erfolgreichen NASA-Weltraumteleskops Kepler gehen. Anfangs haben die Planetensucher nur Exoplaneten gefunden, die mit der Größe Jupiters vergleichbar sind und ihre Heimatsonne sehr nah umkreisen. Heute werden vor allem *Mini-Neptune* und *Supererden* entdeckt. Mittlerweile geht man davon aus, dass die Trennlinie zwischen Gas- und Gesteinsplaneten bei etwa der 1,6-fachen Größe der Erde liegt.

Tipp: Ein aktuelle Liste der Exoplaneten finden Sie im Internet bei:

- exoplanet.eu

Drake-Gleichung

Diese Gleichung beschreibt die mögliche Anzahl technischer Zivilisationen in unserer Milchstraße:

Anzahl der Zivilisationen = $R^* \cdot f_p \cdot n_e \cdot f_l \cdot f_i \cdot f_c \cdot L$

Die einzelnen Variablen der Gleichung sind folgendermaßen beschrieben:

R^* = Sternentstehungsrate in unserer Galaxis pro Jahr
f_p = Anteil der Sterne mit Planetensystem
n_e = Anzahl der Planeten in der »bewohnbaren Zone«, die Leben ermöglicht
f_l = Planeten mit Leben
f_i = Planeten mit intelligentem Leben
f_c = Anzahl der Zivilisationen, die interstellar kommunizieren
L = Lebensdauer einer Zivilisation

Habitabel = lebensfreundlich

Ein Glückstreffer wäre natürlich das Aufspüren eines Gesteinsplaneten, der etwa Erdgröße hätte und der in einem solchen Abstand einen sonnenähnlichen Stern umkreist, so dass auf seiner Oberfläche Temperaturen herrschen, die Wasser in flüssiger Form ermöglichen – was aus unserer Sicht eine Voraussetzung für Leben darstellt. 2014 wurde tatsächlich der erste Exoplanet von Erdgröße in einer habitablen Zone entdeckt. Sogar um den sonnennächsten Stern Proxima Centauri wurde 2016 ein solcher Planet gefunden. Mit 4,2 Lichtjahren Entfernung ist Proxima Centauri B nach aktuellen Forschungsstand der erdnächste Exoplanet. Die Masse dieses Planeten beträgt mindestens 1,27 Erdmassen. Sein Mutterstern ist der Zwerg Proxima Centauri im Sternbild Centaurus am Südhimmel.

ET oder nicht ET?

Unabhängig von der Entdeckung erdähnlicher Planeten bleibt die Frage spannend, ob weiteres intelligentes Leben im Universum existiert. Das ist allerdings mit unserem heutigen Wissensstand nicht zu beantworten und wird sich vielleicht nie mit Sicherheit beantworten lassen. Die Chancen, nicht die einzigen zu sein, stehen allerdings nicht schlecht, denn allein die Milchstraße beheimatet einige 100 Milliarden Sterne, von denen etliche unserer Sonne ähnlich sind. Ganz zu schweigen von den etwa 100 Milliarden Galaxien im Universum, die wir heute überblicken und von denen viele unserer eigenen Galaxis gleichen.

Künstlerische Darstellung des Planeten Proxima b im Orbit um den roten Zwergstern Proxima Centauri. Der Planet besitzt etwas mehr Masse als die Erde und umkreist seinen Mutterstern in einer habitablen Zone.

Ausrüstung

19

Kann man mit dem Fernglas astronomisch beobachten?

Das Fernglas ist das ideale Beobachtungsinstrument für die ersten »Gehversuche« am Himmel. Aufgrund des großen Sehfelds sind astronomische Objekte leicht aufzufinden und ein sicheres Gefühl für deren Position schnell erlernbar. Ein Fernglas ist klein, leicht und schnell einsatzbereit. Im Auto platziert bietet sich immer die Möglichkeit auf eine unverhoffte Beobachtung unterwegs. Darüber hinaus sind uneingeschränkt terrestrische Beobachtungen möglich, da ein Fernglas aufrecht und seitenrichtig abbildet.

Was kann man mit dem Fernglas sehen?

Die Vergrößerung eines typischen Fernglases reicht zwar nicht aus, um damit Einzelheiten auf Planeten unseres Sonnensystems zu erkennen oder Kugelsternhaufen in einzelne Sterne aufzulösen, doch es werden zahlreiche spannende *Deep-Sky-Objekte* wie Galaxien, Nebel, Sternhaufen, Doppelsterne und ebenso Asteroiden oder Kometen sichtbar. Auf dem Mond lassen sich sogar mit einer niedrigen Vergrößerung Krater und Gebirge erkennen. Ebenfalls sind die hellsten vier Monde Jupiters und deren Umlauf zu verfolgen.

Gerade oder Zick-Zack

Ferngläser werden in zwei verschiedenen Konstruktionen hergestellt: mit *Porro-Prismen* und mit *Dachkant-Prismen*. Dachkant-Prismen-Modelle besitzen eine gerade Bauweise und sind H-förmig, die Modelle mit Porro-Prismen dagegen haben eine typische Zick-Zack-Form. Zum ersten Einstieg sind Ferngläser mit Porro-Prismen gut geeignet, da diese in einer vergleichbaren Qualität günstiger als Dachkant-Prismen-Modelle sind.

Links: Dachkant-Prismen-Fernglas mit geraden Tuben und H-Form.
Rechts: Porro-Prismen-Fernglas in Zick-Zack-Form.
Gute Astro-Allround-Ferngläser sind z.B. ein 10×50-Porroprismen- oder ein 8×42-Dachkantprismen-Fernglas.

Zahlenspiele

Auf einem Fernglas finden Sie Angaben zu Vergrößerung und Objektivdurchmesser als Zahlenkombinationen wie z.B. 10×50. Die erste Ziffer gibt die Vergrößerung und die zweite Zahl den Durchmesser der Objektivlinsen in Millimetern an. Meistens ist noch ein weiteres Zahlenpaar wie z.B. 114/1000m zu finden: Der Bereich, der im Fernglas überblickbar ist. In diesem Fall ist dies ein Feld von 114m in 1000m Entfernung. Möchten Sie zusätzlich den ungefähren Bereich in Grad errechnen, der mit dem Fernglas am Himmel überschaubar ist, teilen Sie das Gesichtsfeld auf 1000m durch den Faktor 17,5 – hier also 114m : 17,5 ≈ 6,5°. Auf vielen modernen Gläsern ist dieses sog. *wahre Gesichtsfeld* ebenfalls angegeben.

Wie viel Öffnung muss sein?

Ferngläser sind in unterschiedlichen Öffnungen erhältlich: kleinste Modelle mit 21mm Öffnung bis hin zu Giganten, deren Frontobjektive 150mm

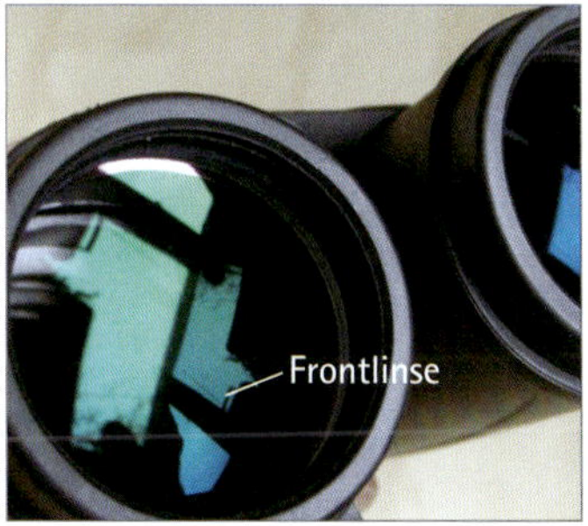

Achten Sie auf eine leicht bläulich, grünlich oder violett schimmernde Vergütung der Frontlinsen. Stark dunkelrote oder orangefarbige Linsen sind nicht für die Astronomie geeignet.

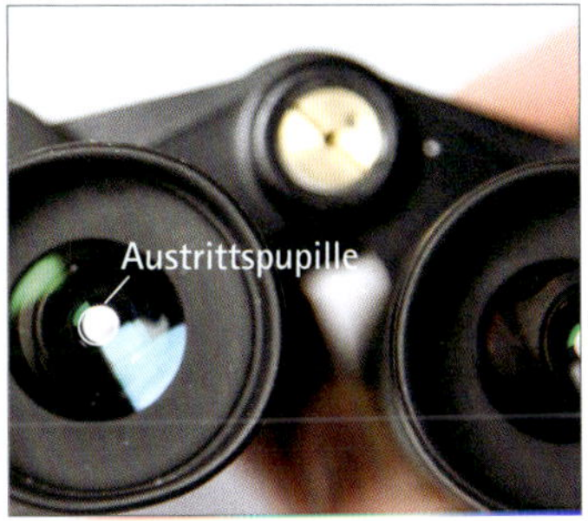

Halten Sie das Fernglas in 40cm Abstand gegen eine helle Fläche. Die als helle Scheiben sichtbar werdenden Austrittspupillen (AP), sollen gleichmäßig hell, kreisrund und ohne Ecken erscheinen.

Tipps für den Fernglaskauf

Handhabung: angenehmes Gewicht, das Fernglas soll gut in der Hand liegen.

Mechanik: leichtgängige Einstellung der Fokussierung und des Augenabstands.

Vergütung: leicht bläulich, grünlich oder violett schimmernde Frontlinsen, wenige blasse Reflexe der Frontlinsen an hellen Lichtquellen.

Prismen: kreisrunde, gleichmäßig helle *Austrittspupillen*.

Okulare: großes und leicht überschaubares Sehfeld – auch mit Brille, ausreichender Dioptrienausgleich.

Einblick: entspanntes Gefühl beim Durchblick, scharfe Abbildung über mindestens 1/3 des Sehfelds, geringe Farbsäume an kontrastreichen Objekten, keine Doppelbilder.

Bei einem Kauf sollte eine angemessene Testzeit von 1 bis 2 Wochen mit Rückgaberecht ausgehandelt werden.

Durchmesser haben. Für den Beginn sind allerdings 42mm bis 50mm Öffnung ausreichend. Diese Gläser bieten ausreichend Lichtsammelvermögen und sind vom Gewicht her noch gut zu halten. Sie bieten üblicherweise eine 7-fache bis 10-fache Vergrößerung.

7- oder 10-fache Vergrößerung?

In der Regel können die meisten Menschen ein Fernglas mit 7-facher Vergrößerung weitgehend ruhig halten, bei 10-facher Vergrößerung gelingt das nicht allen, so dass ein Stativ erforderlich wird. Das Fernglas mit 7-facher Vergrößerung und 50mm Objektivdurchmesser zeigt gegenüber dem Glas mit 10-facher Vergrößerung ein helleres Bild, das aber nur bei wirklich dunklem Landhimmel sinnvoll einsetzbar ist. Sollte Ihr Beobachtungsplatz in der Stadt oder Stadtnähe liegen und können Sie das Glas ohne Stativ handhaben, ist das Fernglas mit 10-facher Vergrößerung bei gleich großer Öffnung die bessere Wahl, da der Himmelshintergrund dunkler erscheint und damit die Himmelsobjekte kontrastreicher.

Einzeln oder zentral?

Ferngläser sind entweder mit einer Zentralfokussierung (Mitteltrieb) oder einer Einzelokulareinstellung ausgestattet. Verwenden Sie das Fernglas ausschließlich für die Astronomie, ist die Einzelokulareinstellung gut geeignet. Für die Tagesbeobachtung, z.B. von Tieren ist eine Zentralfokussierung vorteilhaft, da Sie damit schneller auf unterschiedliche Entfernungen scharf stellen können.

20 Was kann ein Teleskop?

Egal ob Sie mit einem Teleskop oder Fernglas beobachten, beide Instrumente dienen alle demselben Zweck: Mehr Licht zu sammeln, mehr Einzelheiten aufzulösen und Details stärker zu vergrößern, als Ihre eigenen Augen dies können.

Licht sammeln

Erst die Eigenschaft eines Teleskops mehr Licht sammeln zu können als das menschliche Auge, ermöglicht es, dass lichtschwache Nebel und Galaxien für uns sichtbar werden. Ihre Augen können nur eine begrenzte Menge Licht durch die maximal 7mm großen Pupillen aufnehmen. Selbst ein kleines Fernrohr mit nur 60mm *Öffnung* – das heißt einem Durchmesser der Frontlinse eines Linsenteleskops oder des Spiegels bei einem Spiegelteleskop – hat ein wesentlich höheres *Lichtsammelvermögen* als das menschliche Auge. Da das Lichtsammelvermögen quadratisch mit dem Durchmesser der Öffnung wächst, bedeutet die doppelte Öffnung eines Teleskops die vierfache Lichtmenge, die dreifache Öffnung schon die neunfache Lichtmenge!

Lichtsammelvermögen = (Öffnung in mm)² : (7mm)²
Beispiel: 60mm² : 49mm² = 73-faches Lichtsammelvermögen gegenüber dem Auge.

Durch ein Teleskop mit 60mm Öffnung können Sie unter einem dunklen Landhimmel etwa 1.500.000 Sterne bis zu 11,ᵐ5 Helligkeit sehen.

Einzelheiten auflösen

Die zweite Eigenschaft eines Teleskops, mehr Einzelheiten aufzulösen, ist ebenso direkt mit der Öffnung verknüpft. Als *Auflösungsvermögen* bezeichnet man hierbei die Fähigkeit, zwei eng zusammen liegende Punkte zu trennen, so dass diese einzeln wahrnehmbar sind. Die Steigerung des Auflösungsvermögens mit der Öffnung ist allerdings nicht so stark wie beim Lichtsammelvermögen: Eine doppelt so große Öffnung verdoppelt das Auflösungsvermögen. Als Maßeinheit dient dafür die *Bogensekunde* (").

Auflösungsvermögen in " = 138 : Teleskopöffnung in mm
Beispiel: 138mm : 60mm = 2,3"

Ein Teleskop mit 60mm Öffnung trennt also z.B. zwei gleich helle Sterne mit 2,3 Bogensekunden Abstand oder zeigt Details auf dem Mond, wie z.B. Krater, die etwa 4km im Durchmesser sind.

Details vergrößern

Die *Vergrößerung* eines Teleskops ist normalerweise nicht festgelegt, sondern kann durch den Einsatz verschiedener Okulare variiert werden. Je höher Sie ein Objekt vergrößern, desto größer erscheint es Ihnen. So werden Details sichtbar, die vorher zu klein waren, um gesehen werden zu können.

Vergrößerung = Teleskopbrennweite : Okularbrennweite
Beispiel: 900mm : 25mm = 36-fache Vergrößerung

Durch ein Teleskop mit 36-facher Vergrößerung erscheint Ihnen z.B. der Mond 36 Mal näher, so als würde man ihn statt aus einer Entfernung von etwa 380000km nur noch aus einer Distanz von etwa 10500km sehen. Damit werden Krater sichtbar, die vorher zu klein waren, um mit dem bloßen Auge erkannt werden zu können.

Die *förderliche Vergrößerung* eines Teleskops beträgt:

förderliche Vergrößerung = Teleskopöffnung : 0,7
Beispiel: 60mm : 0,7 = 85-fach

Ab der förderlichen Vergrößerung nutzen Sie das durch die Öffnung vorgegebene Auflösungsvermögen eines Teleskops. Bei dieser Vergrößerung zeigt ein Teleskop normalerweise die beste Abbildung.

Anders als einige Werbungen vermuten lassen, können Sie jedoch nur bis zu einer bestimmten Höhe vergrößern! Eingeschränkt durch die Öffnung, die Qualität der Optik und die Beobachtungsbedingungen beträgt die *Maximalvergrößerung* eines Einsteigerteleskops in der Regel:

Maximalvergrößerung = Teleskopöffnung × 2
Beispiel: 60mm × 2 = 120-fache Vergrößerung

Eine höhere Vergrößerung zeigt keine weiteren Details und wird als *leere Vergrößerung* bezeichnet: Die Abbildung wird unscharf und flau. Bei Einsteigerteleskopen oftmals angegebene Vergrößerungen von 300-fach, 500-fach oder sogar höher sind Unfug.

Was ein Teleskop nicht kann

Oft entstehen aufgrund von Werbung, farbigen Astrofotografien im Internet oder in Bildbänden und auch durch eine noch fehlende Erfahrung Erwartungen an das Teleskop, die nicht erfüllt werden können. Mit einem Teleskop können Sie nicht:

- Nebel und Galaxien farbig wie auf Fotografien sehen
- Landefähren oder Autos der Apollomissionen erkennen
- Sterne als Scheiben darstellen
- Schwarze Löcher sichtbar machen
- Planeten außerhalb unseres Sonnensystems erkennen

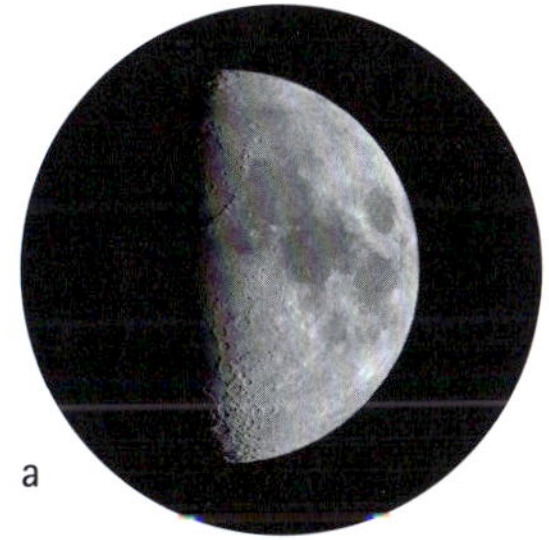
a

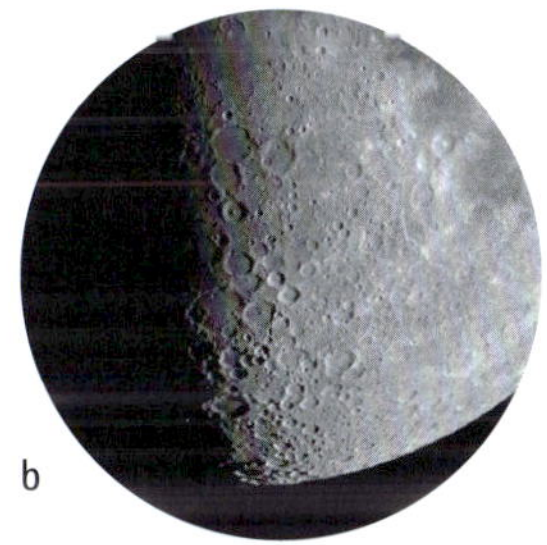
b

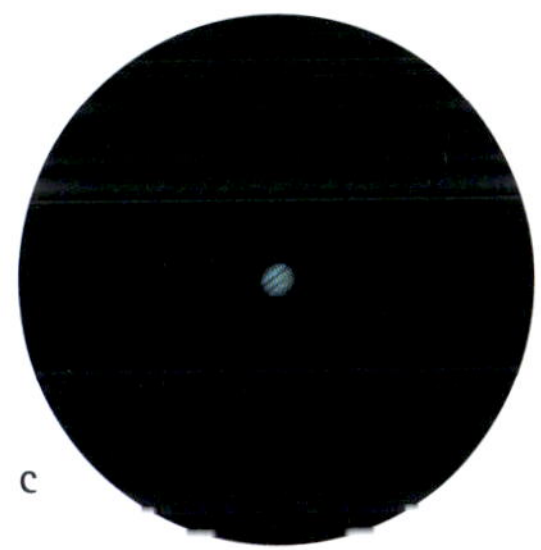
c

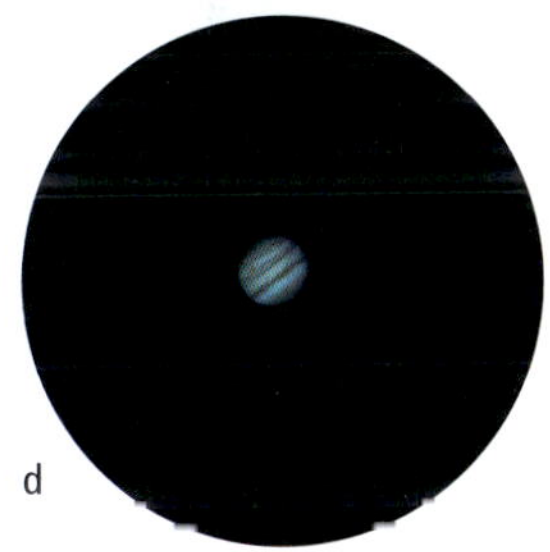
d

Simulation verschiedener Vergrößerungen durch ein Teleskop mit 60mm Öffnung und typischen Einsteiger-Okularen.
Oben: Mond mit 36-facher (a) und 85-facher (b) Vergrößerung
Unten: Jupiter mit 85-facher (c) und 120-facher (d) Vergrößerung

21 Welche Teleskoptypen gibt es?

Ein Teleskop sammelt in erster Linie Licht, das in einem Punkt, dem *Brennpunkt*, vereinigt wird. Das geschieht entweder durch eine Linse oder mit Hilfe eines Spiegels. Dieses einfache Prinzip bringt zwei grundsätzliche Teleskoptypen und eine Kombination von beiden hervor.

Linsenteleskope die Erste

Der sog. Refraktor ist der Klassiker unter den Einsteigerteleskopen und besteht im Wesentlichen aus drei Komponenten: der *Objektivlinse* an der Vorderseite des Teleskops, dem Teleskoprohr, auch Tubus genannt, und dem *Okularauszug* am gegenüber liegendem Ende. Da Licht beim Durchqueren des Glaskörpers der Objektivlinse je nach seiner Farbe – blau mehr als rot – geringfügig aus seiner ursprünglichen Richtung abgelenkt wird, spricht man von Lichtbrechung, ein Linsenteleskop heißt deshalb auch *Refraktor* (von lat. frangere = brechen). Ein üblicher Refraktor besitzt eine Objektivlinse aus zwei Einzellinsen – der klassische *Achromat* – oder die etwas »bessere« Variante, eine Objektivlinse mit einem Luftspalt zwischen den einzelnen Linsen – dem *Fraunhofer-Achromat* (FH). Die Kombination beider Objektivlinsen kann nur zwei Farben des Lichts in einem Punkt vereinigen und erzeugt einen Farbfehler, wie das Unvermögen, alle Farben des Lichts in einem Brennpunkt zu vereinigen, genannt wird. Dieser wird besonders bei hohen Vergrößerungen als Farbsaum um helle Objekte herum sichtbar.

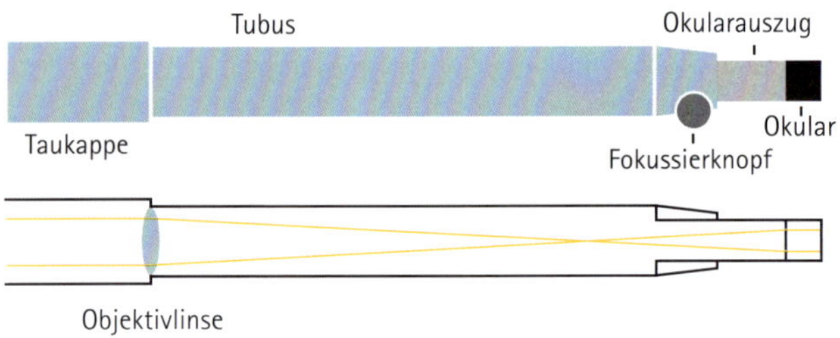

Strahlengang in einem Linsenteleskop.

Kenndaten eines Teleskops

- Brennweite = Abstand vom Mittelpunkt des bilderzeugenden Elements (Linse oder Spiegel) zum Brennpunkt
- Öffnungsverhältnis = Teleskopöffnung in mm : Brennweite in mm, z.B. 60mm : 900mm = f/15
- Deutsche Schreibweise für Öffnung und Brennweite: z.B. für ein Teleskop mit 60mm Öffnung und 900mm Brennweite = 60/900
- Amerikanische Schreibweise für Öffnung und Brennweite: z.B. für ein Teleskop mit 60mm Öffnung und 900mm Brennweite = 2,4" f/15 (1" = 1 Zoll = 25,4mm)

Linsenteleskope die Zweite

Der sog. Halbapochromat (ED) oder *Apochromat* (APO) stellt eine besondere Variante der Refraktoren dar: Mit Objektivlinsen aus speziellem Glas und zwei oder mehr einzelnen Linsen wird der Farbfehler auf ein Minimum reduziert oder praktisch ausgeglichen, was zu einer besonders scharfen und kontrastreichen Abbildung führt. Im Gegensatz zu den Achromaten sind sie jedoch bedeutend teurer.

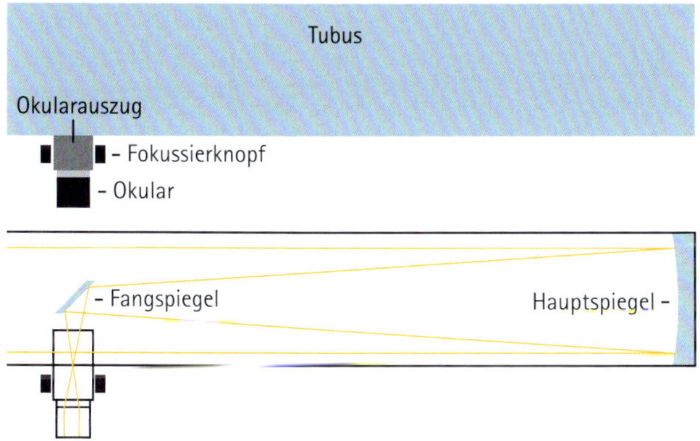

Strahlengang in einem Newton-Spiegelteleskop.

Spiegelteleskope

Bei einem Spiegelteleskop, dem *Reflektor*, ist der Name Programm: Das Licht wird durch einen großen *Hauptspiegel* gesammelt, auf einen kleineren *Fangspiegel* reflektiert und von dort in den Brennpunkt abgelenkt. Die am meisten verbreitete Bauweise ist das *Newton-Spiegelteleskop*. Hier befinden sich der Hauptspiegel am hinteren Ende des Tubus, der Fangspiegel und der Okularauszug am vorderen Ende des Teleskoprohrs. Sie blicken also im Gegensatz zum Refraktor vorne und seitlich am Tubus in das Okular. Da das Licht nicht gebrochen, sondern reflektiert wird, produzieren diese Teleskope keine Farbfehler. Dafür haben Sie jedoch andere Nachteile. Bei einigen Teleskopen kann die Oberfläche des Hauptspiegels wie eine Kugel geformt sein (*Kugelspiegel*), dann werden Lichtstrahlen vom Rand des Spiegels in einem anderen Brennpunkt vereinigt, als die aus der Mitte – das Bild ist bei höheren Vergrößerungen unscharf. Außerdem stellt der im Tubus angebrachte Fangspiegel ein Hindernis im Lichtweg dar, das auf Kosten der Schärfe und des Kontrastes der Abbildung geht.

Katadioptrische Teleskope

Ein *Katadioptrisches Teleskop* ist eine Kombination aus Linsen- und Spiegelelementen. Am hinteren Ende des Tubus befindet sich wie beim Spiegelteleskop der Hauptspiegel. In der Mitte des Spiegels ist jedoch eine Öffnung zum Durchlass der Lichtstrahlen, so dass der Okularauszug ebenfalls am hinteren Ende zu finden ist. Das vordere Ende des Teleskops ist nicht offen und durch eine spezielle Korrektorlinse zur Verbesserung der Bildqualität verschlossen. Auf dieser *Korrektorplatte* ist gleichzeitig der Fangspiegel befestigt. Zu den Katadioptrischen Systemen werden die *Schmidt-Cassegrain-Teleskope* (SCT) und die *Maksutov-Teleskope* (Mak) gerechnet. Diese beiden Varianten unterscheiden sich in der Bauweise der Korrektorplatte und der Anbringung des Fangspiegels. Beide Bauarten sind auch bei längeren Brennweiten sehr kompakt und transportabel.

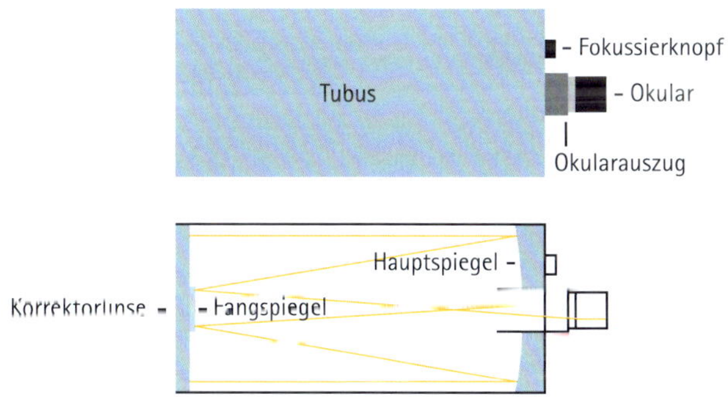

Strahlengang in einem Katadioptrischen Teleskop.

22 Die verschiedenen Teleskopmontierungen

Zwischen einem Fernglas und einem Teleskop besteht im wahrsten Sinne des Wortes ein schwerer Unterschied: Das eine kann in der Regel für die Beobachtung gut in der Hand gehalten werden, das andere nicht. Deshalb benötigen Sie für Ihre Erkundungen mit dem Teleskop ein Stativ und eine solide *Montierung*.

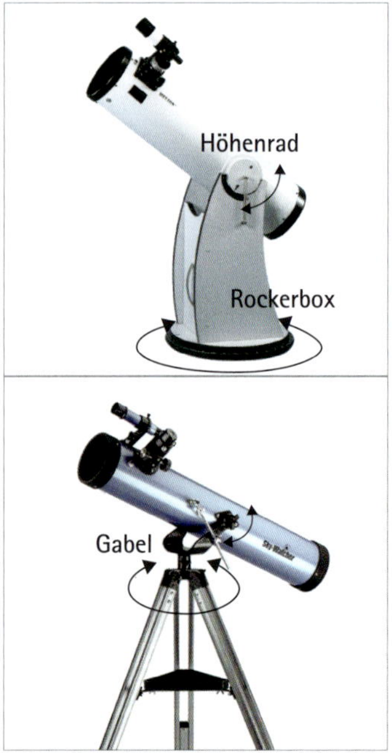

Hoch, runter – links, rechts

Die einfachste Methode ein Teleskop zu montieren ist die *azimutale Montierung*, mit der Sie ein Teleskop waagerecht und senkrecht bewegen können. Eine Achse ist dabei auf den Zenit gerichtet, die andere parallel zum Horizont. Diese Ausrichtung im *Horizontsystem* entspricht unserer alltäglichen Wahrnehmung und ist daher ganz natürlich zu bedienen. Himmelsobjekte sind somit leicht auffindbar. Für das Nachführen eines Objektes, d.h. zum Ausgleich seiner scheinbaren Bewegung am Himmel, müssen Sie das Teleskop allerdings in zwei Achsen gleichzeitig bewegen. Typische Umsetzungen dieser Montierung sind z.B. Videoneiger, die für Ferngläser verwendet werden können und ein- oder zweiarmige Gabeln, auf denen etliche Einsteiger-Teleskope angebracht sind. Bei den zweiarmigen Gabeln ist jedoch häufig aufgrund der Konstruktion keine Beobachtung im *Zenit* möglich.

Zwei typische Vertreter der azimutalen Montierung: ein Dobson-Teleskop und ein Newton-Spiegelteleskop auf zweiarmiger Gabel.

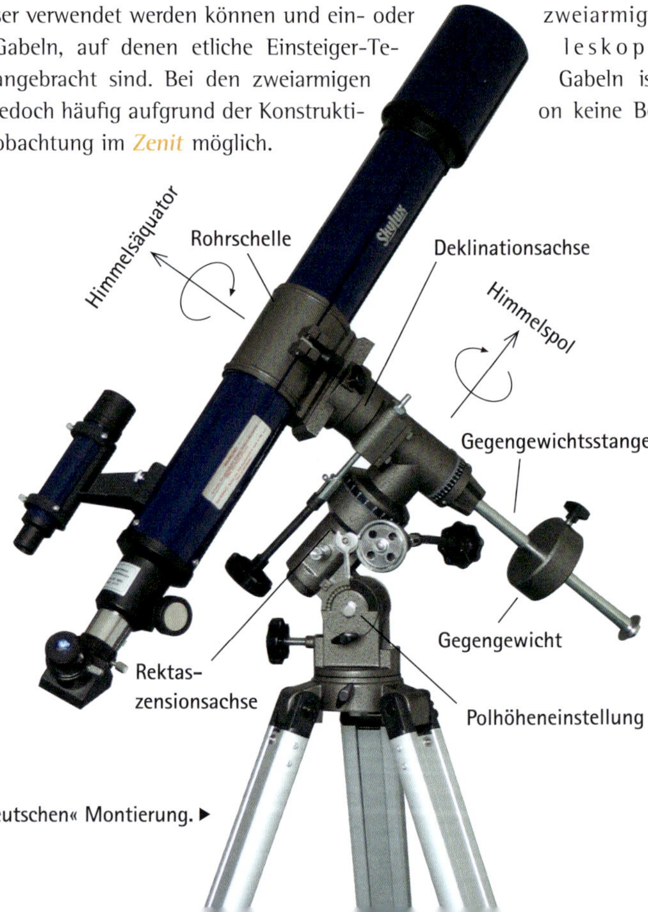

Die Einzelteile einer parallaktischen »deutschen« Montierung. ▶

Let's rock

Eine besonders praktische Lösung einer azimutalen Montierung ist die nach ihrem Erfinder benannte *Dobson-Montierung*. Die Basis dieser Konstruktion ist eine Art Holzkiste, die sog. Rockerbox, die auf einer Grundplatte rotierbar montiert ist. Das Teleskop selbst wird in eine Aussparung der Rockerbox eingehängt. So sind selbst große *Newton-Spiegelteleskope* mit 300mm Öffnung und mehr einfach bedienbar und transportabel.

In Richtung Pol

Bei der *parallaktischen Montierung* (auch äquatoriale Montierung genannt) ist eine der beiden Achsen, die *Rektaszensionsachse*, so ausgerichtet, dass Sie zum *Himmelspol* zeigt, während die zweite Achse, die *Deklinationsachse*, auf den *Himmelsäquator* gerichtet ist. Damit ist es möglich, alleine durch Drehung der Rektaszensionsachse in Ost-West-Richtung ein Objekt der täglichen Himmelsbewegung nachzuführen, entweder per Hand, z.B. mit Hilfe einer manuellen Feinbewegung, oder automatisch per Motor. Allerdings sind stabile parallaktische Montierungen relativ schwer und anspruchsvoll in der Bedienung. Zwei unterschiedliche Konstruktionen von parallaktischen Montierungen sind für Amateurteleskope üblich: die *Deutsche Montierung* und die Gabelmontierung.

Aufbau und grobe Einnordung einer parallaktischen Montierung

Der Aufbau einer parallaktischen Montierung ist nicht ganz einfach. Üben Sie die nötigen Schritte am besten tagsüber im Hellen, damit die Montage später in der Dämmerung oder mit einer Stirnlampe ausgerüstet ebenfalls im Dunkeln reibungslos funktioniert.

- Stellen Sie das Stativ mit der Montierung auf einen festen Untergrund und achten Sie darauf, dass es möglichst gerade steht (eine kleine Dosenlibelle, die in Ihrem Okularkoffer Platz findet, ist dabei hilfreich).
- Drehen Sie Stativ und Montierung so, dass die Polachse genau nach Norden ausgerichtet ist. Auf der Montierungsbasis befindet sich meistens ein »N« für Norden. Bei Nacht orientieren Sie sich am Polarstern oder verwenden sie einen Kompass, wenn der Polarstern nicht sichtbar ist.
- Neigen Sie die Rektaszensionsachse so weit, bis sie auf den Polarstern zeigt, der Winkel dafür entspricht der geographischen Breite Ihres Standortes, z.B. 50° für Frankfurt, das in etwa in der Mitte Deutschlands liegt. An der Polhöheneinstellung finden Sie dafür eine entsprechende Skala.
- Nach Befestigung von Teleskop, Gegengewichtsstange, Gegengewichten und Zubehör, wie Zenitprisma und Okular, lösen Sie die Rektaszensionsklemme, bringen das Teleskop und Gegengewicht in eine waagerecht Position und verschieben das Gegengewicht so, das der Tubus ausbalanciert ist und sich nicht mehr zu einer Seite hin neigt. Jetzt können Sie die Rektaszensionsklemmen wieder schließen.
- Lösen Sie danach die Deklinationsklemme und verschieben bei etwas geöffneten Rohrschellen den Tubus so, das sich das Teleskop nicht mehr nach vorne oder hinten neigt. Danach wird die Deklinationsklemme wieder angezogen. Bedenken Sie, dass Zubehörteile die Balance verändern können.

Jetzt ist die Montierung für die visuelle Beobachtung ausreichend genau eingerichtet.

23 Sinnvolles Zubehör für das Teleskop

Die erste Berührung mit dem Hobby Astronomie erleben frisch gebackene Sternfreunde meistens mit einem kleinen *Linsen*- oder *Spiegelteleskop*. Diese Fernrohre sind in der Regel mit etwas Zubehör ausgestattet. Einiges davon ist zweckmäßig, anderes weniger und kann durch sinnvollere Komponenten ergänzt oder ersetzt werden..

Die Lupen des Teleskops

Jedes Teleskop erzeugt eine nur schwach vergrößerte Abbildung des betrachteten Objektes. Hier kommen die *Okulare* ins Spiel: Sie sind das Verbindungsglied zwischen Ihrem Auge und dem Teleskop und vergrößern das vom Fernrohr erzeugte Bild.

Wie viel soll´s denn sein?

Da Himmelsobjekte verschieden groß erscheinen, benötigen Sie für deren Beobachtung auch unterschiedliche Vergrößerungsstufen. Für den Anfang reicht dafür ein Satz von drei Okularen aus. Waren bei Ihrer Teleskopausstattung schon Okulare dabei, überprüfen Sie diese in Hinblick auf die mögliche Vergrößerung. Achten Sie besonders auf Okulare mit kurzen Brennweiten z.B. 4mm oder 6mm. Liefern diese deutlich höhere Vergrößerungswerte als etwa das zweifache der Öffnung Ihres Teleskops, werden sie kaum sinnvoll einsetzbar sein.

Dick oder dünn?

Die Durchmesser der Steckhülse von Okularen sind genormt und für Amateurteleskope in drei Größen verfügbar: 24,5mm (0,96"), 31,8mm (1,25") und 50,8mm (2"). Ein Okularauszug mit mindestens 31,8mm Steckmaß ist von Vorteil, da für diese Größe das meiste Zubehör erhältlich ist.

Guter Überblick

Das Gesichtsfeld eines Okulars ist je nach Bauart verschieden groß. Unter einem *Eigengesichtsfeld* von 40° überschauen Sie nur noch einen sehr kleinen Ausschnitt des Himmels und Sie haben den Eindruck, als ob Sie durch eine Röhre oder einen Tunnel schauen. Die gängigsten Okulartypen sind die Bauarten Huygens, Kellner und Plössl. Plössl-Okulare mit Eigengesichtsfeldern von etwa 50° bieten für »wenig« Geld eine gute Leistung bei allen Vergrößerungen und ein ausreichend großes Gesichtsfeld. Der Zugewinn von 10° gegenüber Kellner-Okularen ist deutlich größer als es sich in Zahlen ausdrückt. Huygens-Okulare sind allerdings nur noch gebraucht erhältlich.

Entspannte Beobachtung

Ein Zenitspiegel oder *Zenitprisma* lenkt den Lichtstrahl um 90° ab, so dass bei Teleskopen mit Einblick am hinteren Ende des Tubus die Beobachtung auch in Zenitnähe in einer bequemen Kopfhaltung möglich ist. Für ein Linsenteleskop benötigen Sie dieses Zubehör auf jeden Fall. Allerdings wird die Abbildung gespiegelt und die Orientierung ist somit anfangs ungewohnt. Ohne Prisma liefern übrigens sowohl Linsen- als auch Spiegelteleskope ein auf dem Kopf stehendes Bild!

Nicht die Orientierung verlieren

Manchmal gehört zur Ausstattung des Teleskops ein *Amiciprisma*. Im Gegensatz zum Zenitspiegel bleibt das Bild so, wie Sie es am Himmel sehen. Die Qualität ist in der Regel nicht sehr gut, die Abbildung ver-

Gängige Okulartypen für Einsteiger		
Okulartyp	**Eigengesichtsfeld**	**Anwendung**
Huygens (H)	etwa 40°	niedrige Vergrößerung Sonnenprojektion
Kellner (K)	etwa 40°	niedrige bis mittlere Vergrößerungen
Plössl (Pl)	etwa 50°	niedrige bis hohe Vergrößerungen
Orthoskopisch (O)	etwa 45°	mittlere bis hohe Vergrößerungen
Weitwinkel (WW)	etwa 60°–110°	niedrige bis hohe Vergrößerungen

liert bei höheren Vergrößerungen deutlich an Schärfe. Zur Beobachtung des Mondes mit niedrigen Vergrößerungen ist das Amiciprisma jedoch eine große Hilfe bei der Orientierung, darüber hinaus werden damit Erdbeobachtungen möglich.

Ab in die Schublade

Die in einer Komplettausstattung meist enthaltene *Barlowlinse*, welche die Vergrößerung verdoppelt, und die *Umkehrlinse*, die die Bildorientierung umkehrt, besitzen meist sehr schlechte optische Komponenten, so dass die Bildqualität deutlich leidet. Sie gehören am besten sofort in die Schublade und nicht an das Teleskop.

Blick in die Zukunft

Haben Sie schon einige Zeit beobachtet und möchten gerne tiefer ins Hobby einsteigen, lohnt sich auch für ein kleines Teleskop die Anschaffung eines *Nebelfilters*, z.B. ein UHC-Filter (Ultra-High-Contrast). Damit werden viele *Galaktische Nebel* und *Planetarische Nebel* kontrastreicher dargestellt. Besonders in Stadtnähe können diese Filter sehr nützlich sein. Ein einfacher Motor für die *Montierung*, der das Teleskop in der Rektaszensionsachse nachführt, erleichtert die Beobachtung, besonders bei hohen Vergrößerungen.

Okularvorschläge für ein Einsteigerteleskop mit: a) 60mm Öffnung und 600mm Brennweite b) 114mm Öffnung und 900mm Brennweite		
Anwendung	**Vergößerung**	**Okularbrennweite**
Objekte aufsuchen, Milchstraße	a) 15×–30× b) 20×–30×	a) 40mm–20mm b) 40mm–32mm
Sonne und Mond, Offene Sternhaufen, Galaxien	a) 40×–70× b) 45×–75×	a) 15mm–9mm b) 20mm–12mm
Planeten, Monddetails, Doppelsterne, Planetarische Nebel	a) 100× b) 100×–150×	a) 6mm b) 9mm–6mm

Grundausstattung für das Teleskop

- Satz aus drei Okularen für niedrige, mittlere und hohe Vergrößerungen mit mind. 50° Eigengesichtsfeld
- Sucherteleskop mit mind. 30mm Öffnung oder mehr
- Leuchtpunktsucher
- Zenitspiegel oder Zenitprisma für ein Linsenteleskop oder Teleskope mit Einblick am hinteren Ende des Tubus
- Amiciprisma für Erdbeobeachtungen oder zur leichteren Orientierung bei der Beobachtung des Mondes

Als Ergänzung

- Nebelfilter zur Beobachtung Planetarischer und Galaktischer Nebel, z.B. ein UHC-Filter
- *Justierlaser* für ein Newtonteleskop
- Motor für Rektaszensionsachse

Ausrüstung

24 Der Sucher: ein »Muss« am Teleskop

Einen großen Teil der Beobachtungszeit verbringt man mit dem Aufsuchen von Objekten! Damit dies nicht zum Frusterlebnis wird und den Einstieg in das Hobby verdirbt, gehört ein Sucher zur Grundausstattung am Teleskop.

Kein Überblick

Der Himmelsausschnitt, der im Teleskop mit einem bestimmten Okular überblickt werden kann, wird *Gesichtsfeld* genannt. Dieses ist bei vielen Teleskopen selbst bei niedriger Vergrößerung so klein, dass ein alleiniges Anpeilen des Objektes über den Tubus hinweg zu ungenau ist. Eine leicht zu bedienende Hilfe beim Anpeilen der Ziele bieten zwei unterschiedliche Typen von sog. Suchern.

Teleskop im Miniformat

Der klassische Sucher ist im Prinzip ein kleines Fernrohr, das am Teleskop in der Nähe des Okularauszugs angebracht wird. Typische Standardgrößen für solche Sucher sind 6×30, d.h. 30mm Öffnung und 6-fache Vergrößerung und 8×50, also 50mm Öffnung und 8-fache Vergrößerung. Der kleine Sucher zeigt ein größeres Gesichtsfeld, während der größere Sucher ein deutlich höheres Lichtsammelvermögen bietet und lichtschwächere Objekte zeigt. Durch einem 8×50-Sucher ist es bei entsprechend dunklem Himmel möglich, viele hellere Himmelsobjekte wie z.B. Sternhaufen, Nebel, Kometen, Asteroiden und einige Galaxien direkt zu erkennen. Ein Sucher mit Fadenkreuz erleichtert das präzise Einstellen eines bestimmten Punktes am Himmel.

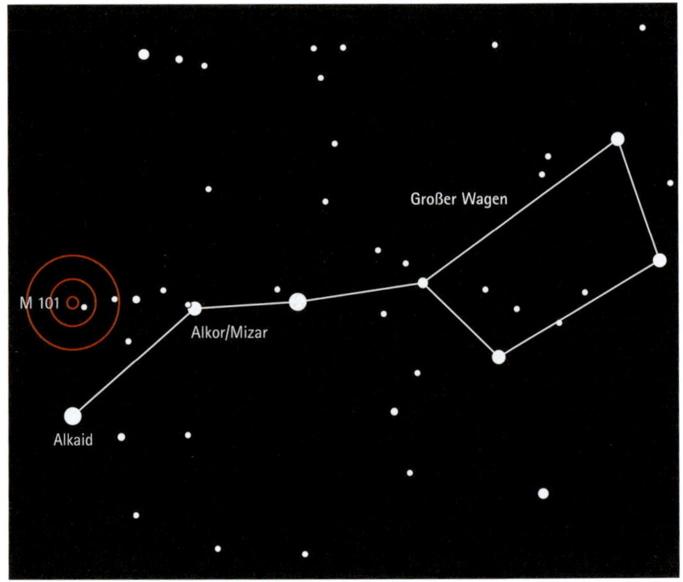

Durch einen Leuchtpunktsucher haben Sie einen großen Himmelsausschnitt und gleichzeitig die Zielmarkierung im Blick, was ein sehr schnelles Anpeilen anhand von Sternen oder Sternmustern ermöglicht.

Nicht die Orientierung verlieren

Die klassischen Sucher zeigen meistens ein seitenverkehrtes oder ein auf dem Kopf stehendes Bild. Es gibt jedoch auch Modelle, die den Himmel so abbilden, wie Sie ihn mit dem bloßen Auge oder im Fernglas sehen können. Für den Beginn ist mit einem solchen Modell die Orientierung am Himmel wesentlich einfacher. Fragen Sie beim Kauf danach! Eine besonders bequeme Handhabung bietet ein Sucher mit

Das gleiche Himmelsareal um die Strudelgalaxie M 101 mit Blick durch einen 8×50-Sucher bei aufrechter und seitenrichtiger Abbildung: Das gesuchte Objekt ist unter sehr guten Bedingungen schon schwach sichtbar.

Zenitspiegel. Besonders wenn Sie Objekte in Zenitnähe beobachten möchten, wird Ihr Hals und Rücken es Ihnen danken. Da der »klassische« Sucher beim Durchsehen viel mehr Sterne als mit dem bloßen Auge zeigt, können Sie sich hier an der Technik des *Star-Hopping* versuchen, indem Sie sich mit Hilfe eines Sternatlas auf bestimmten Routen gezielt von Stern zu Stern hangeln und so zu Ihrem Ziel gelangen.

Leuchtend ans Ziel

Eine völlig andere Art von Peilvorrichtungen sind die sog. *Leuchtpunktsucher*: Sie blicken dabei durch eine Scheibe, auf der ein roter Punkt, ein Fadenkreuz oder auch verschieden große Zielkreise projiziert werden, die in ihrer Helligkeit einstellbar sind oder sogar pulsierend ein- und ausgeblendet werden können. Im Gegensatz zum klassischen Sucher besitzt ein solches Gerät keine Optik, der Himmelausschnitt wird nicht vergrößert und die Bildorientierung bleibt erhalten. Der Überblick mit einem Leuchtpunktsucher ist besonders groß, da Sie das Himmelsareal im Auge behalten können und gleichzeitig die Zielmarkierungen sehen. Die rote Markierung zeigt dann genau auf die Stelle am Himmel, auf die auch Ihr Teleskop zielt. Sie sehen allerdings auch keine weiteren Sterne, als mit dem bloßen Auge sichtbar sind. Voraussetzung für beide Arten von Peilvorrichtungen ist ein sehr genaues Justieren des Suchers, so dass Teleskop und Sucher auf genau die gleiche Stelle zeigen. Dies muss vor der eigentlichen Beobachtung eingestellt werden. Ein Leuchtpunktsucher ist sehr effektiv in Verbindung mit einem Teleskop bei geringer Vergrößerung und einem großen Gesichtsfeld.

Ausrüstung

25 Sichere Sonnenbeobachtung

Unser Heimatstern ist etwa 150 Millionen Kilometer von der Erde entfernt. Trotz dieser Distanz erreichen große Mengen Strahlung verschiedener Wellenlängen die Erdoberfläche. Fast jedes Kind hat sich dies schon einmal spielerisch zu Nutze gemacht und mit einer Lupe ein Feuer entfacht. Genau dieser Effekt ist die Gefahr bei der Sonnenbeobachtung mit dem Teleskop: Unsere Augen müssen vor dem gebündelten Sonnenlicht, das eine enorme Hitze im Brennpunkt einer Lupe, aber auch eines Teleskops entwickelt, geschützt werden.

Der Klassiker

Die ungefährlichste Art der Sonnenbeobachtung ist die Methode der *Sonnenprojektion*. Dabei wird ein Schirm hinter dem Okular befestigt, auf den das ungefilterte Sonnenbild in der Art eines Diaprojektors projiziert wird. Mehrere Beobachter können so gleichzeitig das Sonnenbild in Ruhe betrachten. Diese Methode ist allerdings nur für *Refraktoren* geeignet. Achten Sie besonders darauf, keine Okulare mit Kunststoffgehäuse oder Zenitspiegel und *Zenitprismen* zu verwenden. Diese können durch die nahe dem Brennpunkt entstehende Hitze schnell zerstört werden. Einfache *Huygens-Okulare* sind am besten geeignet. Gönnen Sie ebenfalls Ihrem Teleskop regelmäßig eine Pause, damit die Optik nicht zu stark erwärmt wird.

Der Standard

Bei der anderen weit verbreiteten Methode der Sonnenbeobachtung wird ein *Sonnenfilter* vor dem Objektiv angebracht. Das Sonnenlicht wird dadurch so stark gedämpft, dass es für unsere Augen unschädlich ist. Diese Filter sind auch für Reflektoren wie *Newton-Spiegelteleskope* oder *katadioptrische Teleskope* geeignet, da eine Erhitzung der Optik verhindert wird. Der Wirkungsgrad der Filterung wird als *Neutraldichte* (ND) angegeben. Ein Wert von ND 5 ist für visuelle Beobachtungen geeignet und schwächt das Licht um den Faktor 100.000. ND 3 schwächt das Licht um einen Faktor 1000 und ist für die Sonnenfotografie die richtige Wahl. Sonnenfilter sind entweder aus Glas gefertigt, z.B. in einer Metallfassung, oder bestehen aus einer sehr dünnen Folie. Diese Sonnenfilterfolie ist als einzelnes Blatt erhältlich. Mit wenig Aufwand lässt sich eine Fassung genau für die Maße Ihres Teleskops bauen, die mit dieser Folie bespannt werden kann. Im Internet sind unter dem Stichwort Sonnenfilterfolie etliche Bauanleitungen für Teleskope und Ferngläser zu finden.

Bei der Sonnenprojektion können Sie die Größe der projizierten Sonnenscheibe durch den Abstand des Schirms verändern. Falls das Bild nicht hell genug ist, verwenden Sie z.B. einen Karton zum abschirmen. Achten Sie darauf, dass der Sucher abgedeckt ist und lassen Sie das Teleskop nicht unbeaufsichtigt, damit niemand durchblickt.

Gefasste Sonnenfilter aus Glas sind in vielen verschiedenen Größen erhältlich und schnell am Teleskop angebracht. Sie zeigen meist ein gelbliches, manchmal auch ein bläuliches Sonnenbild.

Der Gefährliche

Verwenden Sie keine *Okularsonnenfilter*, die vor das Okular geschraubt werden und manchmal bei einem Teleskop mitgeliefert werden. Diese Filter sind gefährlich! Da sie in der Nähe des *Brennpunktes* liegen, können sie sehr heiß werden und platzen. Das Sonnenlicht würde dann ungehindert auf Ihre Augen treffen und diese sofort schädigen oder im schlimmsten Fall zur Erblindung führen. Meistens sind diese Filter mit der Aufschrift »Sun« gekennzeichnet. Im Zweifelsfall benutzen Sie derartige Filter gar nicht.

Der Newcomer

Eine dritte Methode ist in den letzten Jahren für den Hobbyastronom erschwinglich geworden: die Sonnenbeobachtung im *H-alpha-Licht*. Anders als bei der Beobachtung im *Weißlicht*, bei der der gesamte sichtbare Bereich des Sonnenlichts lediglich abgeschwächt wird, ist die Filterung mit einem *H-alpha-Filter* radikaler. Nur der winzige Anteil des Lichts, den die Sonne im Licht der roten Emissionslinie des Wasserstoffs aussendet, gelangt durch einen solchen Filter. In diesem Spektralbereich ist die sonst unsichtbare turbulente Chromosphäre mit ihren Protuberanzen und Ausbrüchen zu sehen.

Sonnenfilterfolie wird in der Regel als einzelnes »Blatt« in unterschiedlichen Größen angeboten. Sie erzeugt eine bläulich-weiße Sonnendarstellung. Mit nur wenig Aufwand ist eine Filterfassung für Ihre Teleskopgröße gebaut. Meistens ist auch noch ein Rest für den Sucher übrig. Das wellige Aussehen beeinflusst das Sonnenbild nicht. Achten Sie allerdings genau darauf, dass die Folie keine Knicke oder Löcher hat!

Filterfaktoren
Die Neutraldichte ist definiert als der Logarithmus des Faktors, um den ein Filter das Licht schwächt.

- ND 3: Abschwächung um den Faktor 10^3 = 1000
- ND 4: Abschwächung um den Faktor 10^4 = 10.000
- ND 5: Abschwächung um den Faktor 10^5 = 100.000

26 Was ist ein GoTo-Teleskop?

Ein besonderer Luxus, welcher früher den Geräten der professionellen Astronomen vorbehalten war, gehört mittlerweile zum Standard in der Amateurastronomie: Das automatische Auffinden und Ansteuern von *Deep-Sky-Objekten*, *Planeten*, *Kometen*, *Asteroiden* oder *Satelliten* mit dem Teleskop.

All inclusive

Diese Geräte werden als *GoTo-Teleskope* bezeichnet und kommen in der Regel als Komplettpakete daher, das heißt als Kombination von Optik und Montierung, in welche die Elektronik zur Steuerung des Teleskops eingebaut ist. Mit einer dazugehörigen Handsteuerbox werden die entsprechenden Befehle erteilt. Die Software der Steuerbox kann in der Regel einfach über das Internet aktualisiert werden, damit auch z.B. neu entdeckte Kometen oder Satelliten gefunden werden können. Bestimmte Montierungen lassen sich ebenfalls mit einer Computersteuerung nachrüsten und so GoTo-fähig machen.

Tausend auf einen Streich

Die umfangreichen Objektkataloge der GoTo-Steuerungen versprechen das Auffinden von tausenden Deep-Sky-Objekten auf Knopfdruck, was gerade für den Einsteiger sehr verlockend klingt. Im Prinzip ist das richtig, Sie müssen jedoch bei der Aufstellung und Ausrichtung des Teleskops sorgfältig vorgehen um keine ungewollten Überraschungen zu erleben. Außerdem ist es sehr schwer einzuschätzen, ob ein bestimmtes Himmelsobjekt wie z.B. eine lichtschwache *Galaxie* im verwendeten Teleskop und bei gegebenen Beobachtungsbedingungen überhaupt sichtbar ist. Ist das Zielobjekt zu schwach, hilft es auch nichts, wenn es genau im Okular positioniert wird.

Dann klappt's auch mit dem Auffinden

Damit das Auffinden auch wirklich problemlos funktionieren kann, muss der Aufbau des Teleskops eine bestimmte Prozedur durchlaufen:

1. Eine waagerechte Aufstellung des Stativs
2. Die minutengenaue Eingabe der Uhrzeit und der geografischen Koordinaten Ihres Standorts (GoTo-Teleskope mit GPS-Empfänger, elektronischem Kompass und Ausrichtungssensoren können Punkt 2 und 3 automatisch erledigen)
3. Die Positionierung und Bestätigung vom Computer vorgeschlagener Referenzsterne oder selber ausgewählter heller Sterne und Planeten

Gute Referenzen

Der »Bordcomputer« errechnet nach der Eingabe von Datum, Uhrzeit und geografischen Koordinaten den aktuellen Himmel über Ihrem Standort. Danach wird die Ausrichtung, d.h. die Lage der Drehachsen Ihres Teleskops im Raum, bestimmt. Dazu schlägt die Software je nach Verfahren ein, zwei oder drei helle Sterne vor und fährt diese nacheinander an. Die genaue Einstellung dieser Referenzsterne ist besonders wichtig, damit das Teleskop wirklich exakt positionieren kann. Stellen Sie dazu die vorgeschlagenen Sterne jeweils genau mittig im Okular ein und bestätigen Sie deren Position. Das Okular und ein eventuell verwendetes Zenitprisma sollte während dieser Prozedur nicht gewechselt oder gedreht werden. Danach sollte Ihr Teleskop startklar für die Beobachtungsnacht sein. Am einfachsten funktioniert die Ausrichtung mit Hilfe eines *Fadenkreuzokulars*.

Vollautomat

Besonders komfortabel verläuft die Initialisierung, wenn das Teleskop mit einem GPS-Empfänger und Lagesensoren für die Neigung des Tubus ausgestattet ist. Datum, Uhrzeit und Ortskoordinaten werden nach dem Einschalten automatisch bestimmt und entsprechende Referenzsterne angefahren. Lediglich die Zentrierung und Bestätigung deren Position erfolgt per Hand.

Kombinierte Computerpower

Das Die GoTo-Steuerungen der gängigen Hersteller werden von vielen Astronomieprogrammen unterstützt. Das Teleskop wird dann an einen Laptop oder Computer angeschlossen und direkt über das Programm gesteuert. Die umfangreichen Funktionen einer Astronomiesoftware ergänzen die Steuerung des Teleskops und ermöglicht damit z.B. auch die Fernsteuerung oder automatisierte Abläufe für die Astrofotografie.

Tipp: Zum exakten Zentrieren der Referenzsterne verwenden Sie am besten ein Fadenkreuzokular. Steht ein solches nicht zur Verfügung, stellen Sie den Referenzstern unscharf ein, so dass seine Scheibe etwa die Hälfte des Gesichtsfelds einnimmt. Solch ein großer Kreis ist genauer zu zentrieren als ein nur kleiner Lichtpunkt.

Anblick im Refraktor Anblick im Reflektor

Eine sehr kompakte Variante der GoTo-Montierungen bietet die weit verbreitete Gabel-Bauweise. Bei diesen Geräten bildet die Montierung in Form einer Gabel mit dem Tubus und der Steuerung eine Einheit. Die Motoren zur Positionierung und Nachführung sind in der Gabel untergebracht. Diese Teleskope sind mit Öffnungen von 90mm bis 400mm erhältlich. Ebenfalls gibt es kleinere Refraktoren mit einer ähnlichen Gabelmontierung.

Tipp: Einige »Billigteleskope« werben mit GoTo-Funktion, können diese jedoch aufgrund mangelhafter Mechanik auch bei sorgfältiger Aufstellung oft nicht erfüllen. Man kann sich eventuell damit behelfen, dass die Referenzsterne in der unmittelbaren Nähe des Beobachtungsobjektes ausgewählt werden. Leider hilft oft aber nur die Rückgabe des Teleskops.

27

Ausrüstung

»Survival-Kit« für die Beobachtungsnacht

Das höchste Glück des Hobby-Astronomen ist die Beobachtung draußen unter dunklem Himmel. Doch in unseren Breiten lässt das Wetter normalerweise solche Gelegenheiten nicht allzu oft zu. Um die wenige zur Verfügung stehende Zeit möglichst gut zu nutzen, gehören einige Ausrüstungsgegenstände zum »Survival-Kit« des Sternfreunds.

Die Vorfreude ist groß – gut vorbereitet hält der Spaß auch eine ganze Beobachtungsnacht an

Kein 4-Sterne-Hotel

Im Winter bedeutet ein klare Nacht manchmal stundenlanges Stehen in Eiseskälte, ebenfalls sind die Spätsommernächte oft empfindlich kalt. Damit dies nicht zur Tortur wird, steht an allererster Stelle der Ausrüstung warme Kleidung und Mütze. Auch die Füße sind »gefährdet«, denn einmal richtig kalt geworden ist der Abend verdorben. Eine Investition in gute Winterstiefel ist deshalb unbedingt lohnend. Warme Unterwäsche, dicke Socken, Fingerhandschuhe, Jacke und Thermo- oder Skihose komplettieren die Kollektion. Generell isoliert lockere, in mehreren Schichten getragene Kleidung am besten. Für extrem kalte Nächte sind Thermopads mit Aktivkohle oder einer Wasser-Natriumacetat-Lösung ein heißer Tipp: Unter der Kleidung getragen wirken sie wie ein kleiner Ofen von innen.

Etwas Warmes braucht der Astronom

Eine Thermoskanne mit einem heißen Getränk darf ebenso wenig fehlen. Der warme Schluck in den Beobachtungspausen und ein kleiner Snack zwischendurch helfen schnell über Durchhänger hinweg. Tee, Studentenfutter, Bananen oder Schokolade sind perfekt dafür. Überhaupt sollte ausreichend getrunken werden, da bei zu geringer Flüssigkeitsaufnahme der Körpern zum frieren neigt.

Ein Licht im Dunkeln

Beim Auf- und Abbau Ihres Teleskops ist es praktisch, beide Hände frei zu haben. Mit einer Stirnlampe ist das leicht machbar. Am besten sind Lampen mit einem separat einschaltbaren Weißlicht und einem Rotlicht, welches die *Adaption* der Augen nicht stört und damit zugleich für das Lesen des Sternatlas und einer drehbaren Sternkarte geeignet ist. Diese sollte ebenfalls einen Stammplatz in der Ausrüstungskiste finden.

Checkliste Ausrüstung

Kleidung
- Mütze, Schal
- Fingerhandschuhe
- dicke Socken
- warme Unterwäsche
- Winddichte Thermojacke
- Thermohose, Skihose oder Overall
- Winterstiefel
- Wärmepads

Verpflegung
- Thermoskanne mit heißem Getränk, Wasser
- kleiner Snack, wie Nüsse, Bananen und Schokolade

Astrozubehör
- Stirnlampe mit Weiß- und Rotlicht
- Sternatlas, drehbare Sternkarte
- Beobachtungsbuch, CD, Bleistift
- Stuhl
- Taukappe

Zusätzliches
- Isomatte
- Schlafsack
- Handy

Tipp: Eine praktische Taukappe können Sie aus dem Schaumstoffmaterial einer Isomatte selber bauen. Die Länge sollte mindestens dem zweifachen Tubusdurchmesser entsprechen. Durch die Verwendung eines Klettbands ist die Taukappe einfach zu öffnen, zu schließen und Platz sparend zu verstauen. Für sehr kalte Nächte sind spezielle Gebläse erhältlich, die z.B. am Zigarettenanzünder des Autos betrieben werden können.

Schreib' mal wieder

Ein Beobachtungsbuch, in das Sie das Gesehene als Beschreibung oder als Zeichnung eintragen, wird mit der Zeit ein wertvoller Begleiter sein. Sie können Beobachtungen zu verschiedenen Zeiten und Bedingungen vergleichen oder sich einfach an den aufgezeichneten Astroerlebnissen erfreuen. Mehr als ein DIN A4-Skizzenbuch, z.B. mit Spiralbindung, eine CD als Okularschablone und ein Bleistift sind vorerst dafür nicht nötig. Falls Sie bei der Beobachtung sitzen möchten, denken Sie an einen Stuhl.

Klarer Blick

In Nächten mit starker Luftfeuchtigkeit kann es vorkommen, dass die Optik Ihres Fernrohrs beschlägt. Besonders gefährdet sind die Objektive von *Linsenteleskopen* und die Korrektorplatten von *Katadioptrischen Teleskopen*. Ist die Optik einmal vom Tau beschlagen oder im Winter sogar zugefroren, haben Sie kaum eine Chance diese wieder frei zu bekommen. Wischen Sie nicht mit einem Tuch oder ähnlichem über die Linse, Sie könnten die Optik leicht zerkratzen. Damit dies erst gar nicht nötig wird, ist die Anschaffung einer Taukappe sinnvoll, die den Tubus verlängert und somit ein Beschlagen verhindern kann – insbesondere wenn die Taukappe beheizt ist.

Gut vorbereitet

Damit Sie nicht jedes Mal alles zusammensuchen müssen, halten Sie die Utensilien fertig gepackt bereit, insgesamt sind nur zwei übliche Haushaltskisten nötig. Bei Bedarf können diese dann schnell ins Auto gestellt werden. Verpacken Sie dann noch Ihr Teleskop, geht auch bei einem spontanen Aufbruch nichts schief.

Beobachtung

28 Das erste Sternbild

Fast jeder kennt den Großen Wagen: Ein unverkennbares Muster aus sieben Sternen, welches das ganze Jahr in Mitteleuropa am Himmel sichtbar ist. Drei Sonnen bilden die Deichsel des Himmelswagens und weitere vier den Kasten. Der Große Wagen ist aber eigentlich nur der zentrale Teil des weitaus größeren *Sternbilds* Große Bärin und bildet deren Körper.

Der ruhende Pol am Himmel

Vom Großen Wagen gelangen Sie sehr einfach zu einer Konstellation, die eine herausragende Stellung inne hat: der Kleine Wagen. Dieses Sternmuster sieht wirklich wie eine kleine Version seines großen Bruders aus und ist ebenfalls ein Teil eines größeren Sternbilds – das des Kleinen Bären oder eigentlich Kleine Bärin. Der Kleine Wagen ist also im eigentlichen Sinne kein eigenständiges Sternbild. Die wirkliche Besonderheit des Kleinen Wagens ist allerdings sein hellster Stern: der Polarstern oder Polaris genannt, der sich fast genau am Himmelspol befindet. Während Polaris am *Himmelspol* still zu stehen scheint, drehen sich alle anderen Sterne auf ihrer Bahn scheinbar um ihn herum.

Wie entstanden die Sternbilder?

Da die Sterne am Himmel solch auffällige Muster bilden, wurden sie schon seit vielen Jahrtausenden zu Bildern – den Sternbildern – zusammengefasst. Die ersten Zeugnisse davon finden sich in frühzeitlichen Höhlenmalereien. Tief verbunden mit der Natur, waren unsere Vorfahren so auch am Himmel umgeben von Göttern und Menschen, Tieren und Fabelwesen, die für sie lebendig waren und miteinander in Beziehung standen. In späteren Kulturen dienten die Sterne als Teil

Das Sternbild Großer Bär, so wie es früher veranschaulicht wurde. Der Schwanz und der Körper werden vom Großen Wagen gebildet.

Tipp: Nutzen Sie den Großen Wagen als Himmelskompass: Dafür verlängern Sie die hintere »Wagenkante« des Großen Wagens um etwa das 5-fache und gelangen so zum Polarstern. Die Nordrichtung finden Sie dann ganz einfach, indem Sie eine senkrechte Linie von Polaris zum Horizont ziehen.

eines Kalenders zur Bestimmung der Zeiten für Aussaat und Ernte, und Seefahrer nutzten sie zur Navigation.

Die Namen unserer Sternbilder

Vor etwa 4000 Jahren benannten die Babylonier die ersten *Tierkreissternbilder*. Der griechische Astronom Ptolemäus verfasste um 150 n. Chr. einen Katalog der Sternbilder, hauptsächlich mit Figuren aus der griechischen Mythologie. Diese Sternbilder wurden von arabischen und später von europäischen Astronomen übernommen. Im Laufe der Zeit wurden immer wieder neue Konstellationen hinzugefügt und andere verworfen. Ab dem 17. Jahrhundert kamen durch die Entdeckungen der Seefahrt auch die »modernen« Sternbilder des Südhimmels hinzu. Nach dieser langen Reise durch die verschiedenen Epochen und Kulturen wurden die heute gültigen 88 Sternbilder des Nord- und Südhimmels schließlich 1930 in ihren Grenzen festgelegt.

Polaris oder Alpha UMi

Neben den Eigennamen werden die Sternbilder und die Sterne eines Sternbildes auch durch ein einfaches System gekennzeichnet: Das Sternbild selbst erhält als Abkürzung drei Buchstaben aus seiner lateinischen Bezeichnung und der hellste Stern eines Sternbildes wird in der Regel mit dem ersten Buchstaben des griechischen Alphabets, der zweithellste mit dem zweiten Buchstaben usw. gekennzeichnet. Der hellste Stern des Kleinen Bärs, Polaris, wird somit auch Alpha Ursae Minoris oder Alpha UMi benannt. Diese Abkürzungen sind international gültig.

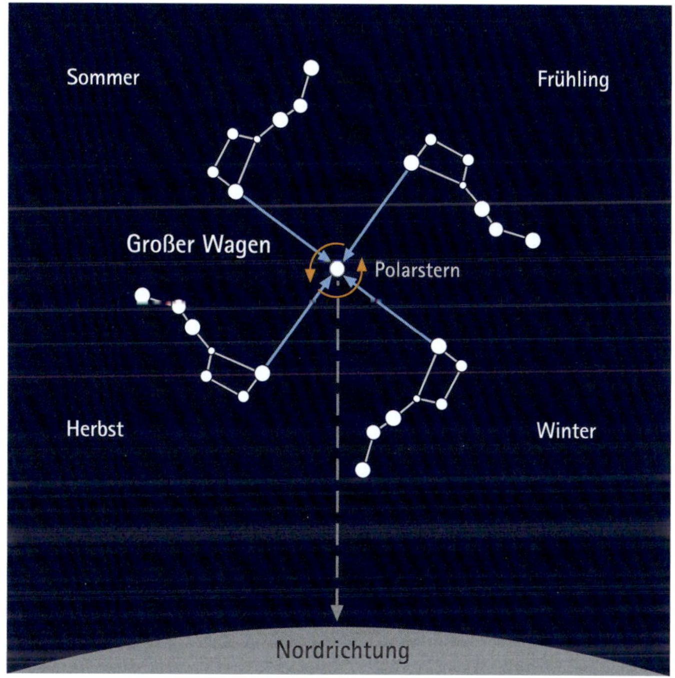

Den Großen Wagen finden Sie zu jeder Jahreszeit in Richtung Norden, jedoch an unterschiedlich Positionen. Der Polarstern bleibt immer an seinem Ort genau in Nordrichtung.

Beobachtung

29

Die drehbare Sternkarte: alle Sternbilder im Griff

Am Himmel ist alles in Bewegung: Die Erde dreht sich in 24 Stunden einmal um die eigene Achse und umkreist die Sonne einmal pro Jahr, so dass sich die Positionen der Gestirne ständig verschieben. Mit einer drehbaren Sternkarte sind Sie in der Lage, sich zu jeder Stunde des Jahres schnell ein Bild des Sternhimmels über Ihren Standort zu machen und die Auf- und Untergangszeiten von Sternen zu bestimmen.

Zwei Ringe sie zu finden

Eine drehbare Sternkarte besteht in der Regel aus zwei einzelnen Scheiben, dem Grundblatt und einem Deckblatt. Diese sind im Zentrum zusammengenietet, so dass sie sich gegeneinander drehen lassen. An der Außenkante des Grundblatts befindet sich der Datumsring mit einer Skala für den Monat und den Tag, sowie manchmal eine Skala für die *Rektaszension*. An der Außenkante des Deckblatts finden Sie den Uhrzeitring mit einer Einteilung von 24 Stunden, üblicherweise unterteilt in 5-Minuten-Schritte.

Die richtige Zeit

Was Sie noch benötigen, ist ein dunkler Sternhimmel und eine Taschenlampe mit Rotlicht zum Ablesen der Karte. Drehen Sie die äußere Scheibe so, dass die momentane Uhrzeit mit dem aktuellen Datum übereinstimmt. Beachten Sie dabei die eventuell gültige Sommerzeit.

Die richtige Richtung

Jetzt ist die Karte so eingestellt, dass der in etwa kreisförmige Ausschnitt des Deckblatts den Sternhimmel über Ihnen anzeigt. Die Begrenzung des Ausschnitts zeigt die Horizontlinie um Ihren Standort an. Nun müssen Sie nur noch die Karte in die richtige *Himmelsrichtung* drehen: An der Horizontlinie sind dafür die verschiedenen Himmelsrichtungen gekennzeichnet. Drehen Sie sich in Richtung Süden und halten Sie die Karte mit der Südrichtung nach unten zum Sternhimmel, etwa so wie einen Spiegel. Vielleicht setzen Sie sich auf einen Liegestuhl mit der Karte zum Himmel gerichtet. Wenn Sie sich noch gar nicht am Himmel auskennen, ist zusätzlich ein Kompass zur Bestimmung der Himmelsrichtungen sinnvoll.

Tipp: Damit Sie auch die Auf- und Untergangszeiten der Planeten bestimmen können, markieren Sie deren aktuelle Position mit einem abwaschbaren Stift auf der Sternkarte. Die Planetenpositionen finden Sie z.B. in einem astronomischen *Jahrbuch*.

Die richtigen Sterne

Identifizieren Sie zunächst die hellsten Sterne. Diejenigen, die sich auf der Karte nahe der Horizontlinie befinden, stehen am Himmel nahe dem Horizont und Sterne in Kartenmitte stehen genau über Ihnen im *Zenit*. Sterne außerhalb des elliptischen Ausschnitts stehen unterhalb des Horizonts und sind nicht sichtbar. Der Polarstern und damit der *Himmelspol* befindet sich an der Stelle, an der die Sternkarte zusammengenietet ist. Nachdem die hellsten Sterne sicher bestimmt sind, versuchen Sie diese zu Sternbildern zu ergänzen. Das ist zuerst nicht ganz einfach, sind jedoch ein oder zwei Sternbilder erkannt, stellt sich weiterer Erfolg schnell ein. Übergehen Sie dabei zunächst Sternbilder, die nahe am Rand liegen, da diese durch die Eigenart der Kartendarstellung verzerrt und auseinander gezogen erscheinen. Der Große Wagen z.B. ist jedoch das ganze Jahr über sichtbar und ein wirklich guter Startpunkt.

Auf und unter

Die Auf- und Untergangszeit eines bestimmten Sterns, Sternbilds oder *Deep-Sky-Objektes*, welches auf der Karte verzeichnet ist, können Sie ebenfalls schnell ermitteln. Sie müssen lediglich das Objekt auf die Horizontlinie stellen, das aktuelle Datum auf dem Datumsring finden und dann die Zeit am Uhrzeitring ablesen.

Abschnitt für Abschnitt

Da man nie den Himmel im Ganzen überblicken kann, müssen Sie mit der Erkundung der verbleibenden Himmelsrichtungen abschnittsweise vorgehen. Möchten Sie z.B. als nächstes in Richtung Osten schauen, halten Sie die Karte so, dass jetzt die Markierung »Ost« nach unten zeigt. Bei den anderen Himmelsrichtungen gehen Sie entsprechend vor. So ergibt sich für jede Richtung ein bogenförmiger Ausschnitt bis in etwa Zenithöhe, der gut überschaubar ist.

Ein neuer Stern

Die *Planeten* des Sonnensystems sind auf einer drehbaren Sternkarte nicht »fest« eingezeichnet, da sich ihre Positionen gegenüber den Sternen mit der Zeit ändern. Es kann also vorkommen, dass ein Sternbild ganz anders aussieht, weil plötzlich ein weiterer heller »Stern« sichtbar ist. Sollte dieser nahe der *Ekliptik* liegen, ist es mit großer Wahrscheinlichkeit ein Planet.

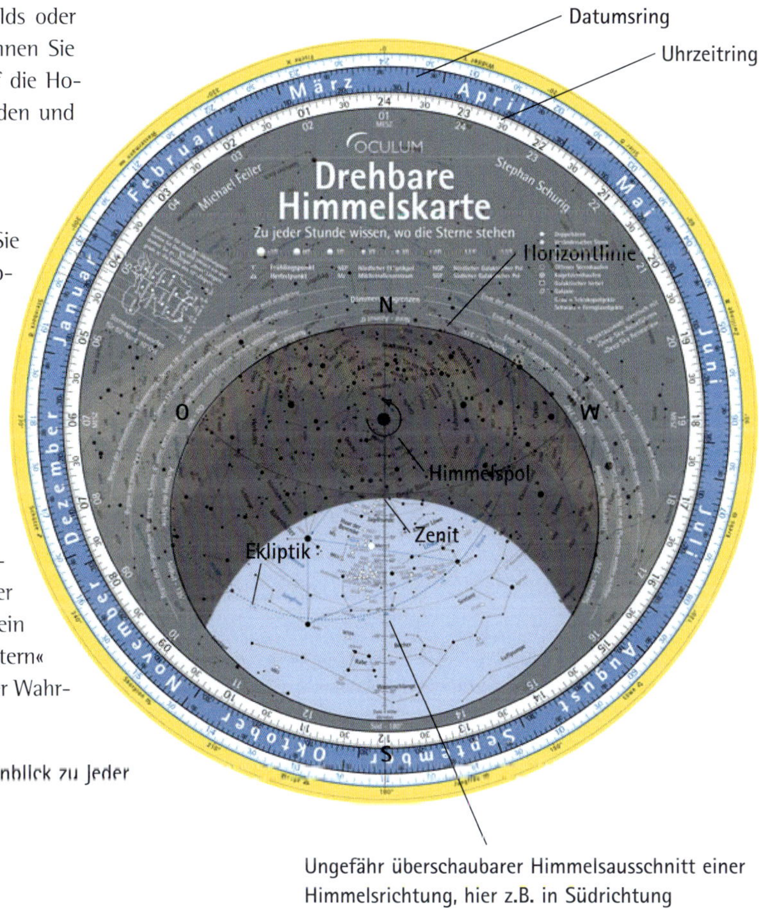

Mit einer drehbaren Sternkarte kann man den aktuellen Himmelsanblick zu jeder Jahres- und Tageszeit darstellen.

Beobachtung

30 Wie groß sind die Sternbilder am Himmel?

Abstände am Firmament sind nicht leicht einzuschätzen, besonders wenn man gerade erst mit der Erkundung der noch unbekannten Himmelslandschaft beginnt. Auch die Größen der Sternbilder werden schnell unterschätzt. Ein typisches Beispiel ist das den Winterhimmel dominierende Sternbild Orion. Viele Beobachter sind beim ersten Anblick des großen Himmelsjägers von dessen Dimension überrascht und haben eine viel kleinere Sternkonstellation erwartet.

Den Himmel messen

Am Himmel werden Abstände in den Einheiten *Bogengrad* (°), *Bogenminuten* (') und *Bogensekunden* ('') angegeben. Ein Bogen-Grad (1°) entspricht dabei 60 Bogenminuten (60') und eine Bogenminute (1') sind 60 Bogensekunden (60''). Wenn Sie sich einmal vollständig um sich selbst drehen, beschreiben dabei Sie einen Kreis von 360°. Man kann auch sagen, die Horizontlinie umfasst 360°.
Eine weitere einfach zu erfassende Größe ist der Winkelabstand von der Horizontlinie zum Zenit, dem Punkt am Himmel, der exakt über Ihnen liegt: das sind 90°. Verlängert man diese Linie über den *Zenit* hinaus bis wieder die Horizontlinie erreicht wird, beschreibt dieser Abstand 180° – genau die Hälfte eines vollständigen Kreises.

Gar nicht so einfach

Da außer dem Horizont und dem Zenit weitere klare Bezugspunkte fehlen, sind kleinere Winkelabstände am Himmel nicht so einfach abschätzbar. Somit können Angaben wie z.B. »Jupiter erreicht in der *Opposition* maximal eine Höhe von 30° über dem Horizont« oder »Mars zieht in nur 3° Abstand an den Plejaden vorbei« nur schwer mit einer konkreten Vorstellung des Geschehens verbunden werden.

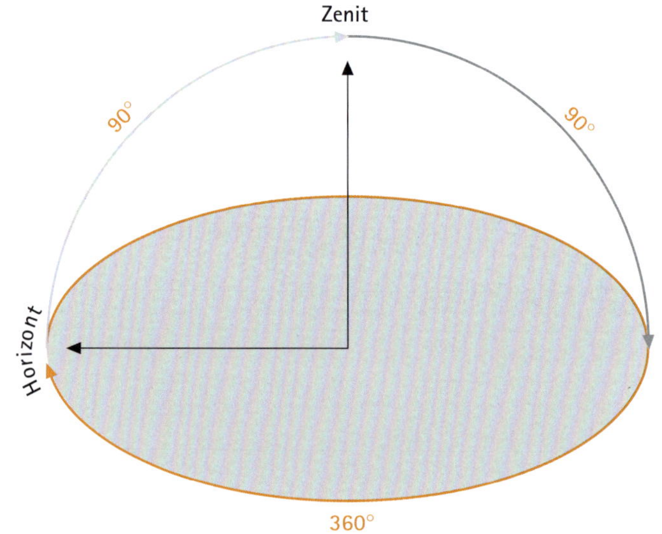

Abstände am Himmel werden in Grad (°) gemessen. Der gesamte Horizont umfasst 360°, zum Zenit sind es 90°.

Handarbeit

Ihre eigene Hand schafft dabei leicht Abhilfe! Denn mit ihr haben Sie ein natürliches Messinstrument, mit dem Winkelentfernungen abschätzbar sind und das jederzeit einsatzbereit ist. Zum Beispiel ist Ihre geschlossene Faust in einer Armlänge Abstand etwa 10° »breit«. Das gilt für jeden Menschen, egal ob groß, klein, Jugendlicher oder Erwachsener. Die Proportionen sind ungefähr gleich und wachsen mit

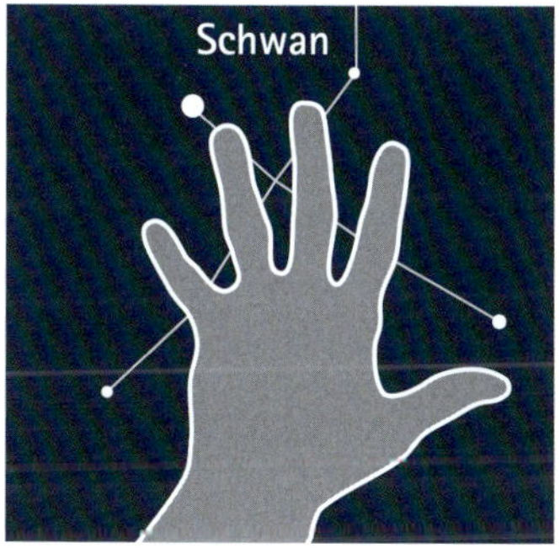

Der Abstand von Ihrem Daumen bis zum kleinen Finger beträgt etwa 20°.

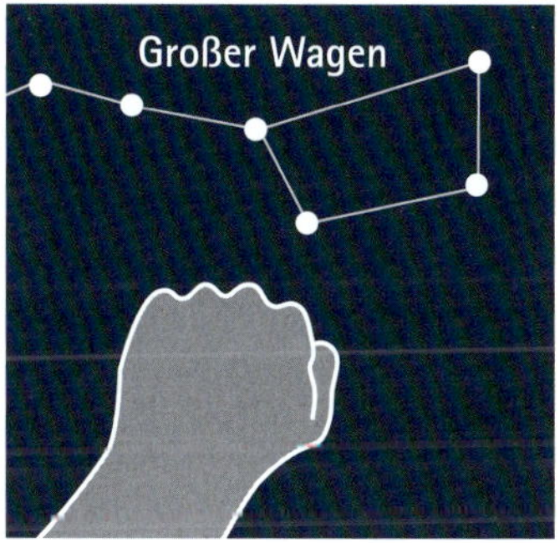

Ihre Faust hat bei ausgestrecktem Arm eine Breite von ungefähr 10°.

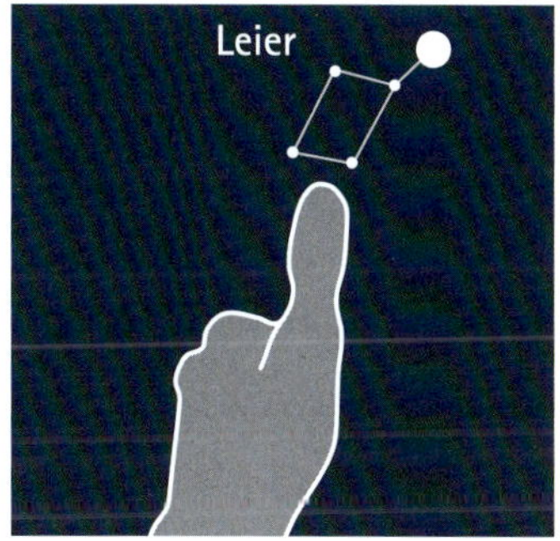

Der Daumen Ihrer Hand bedeckt eine Strecke von etwa 2°.

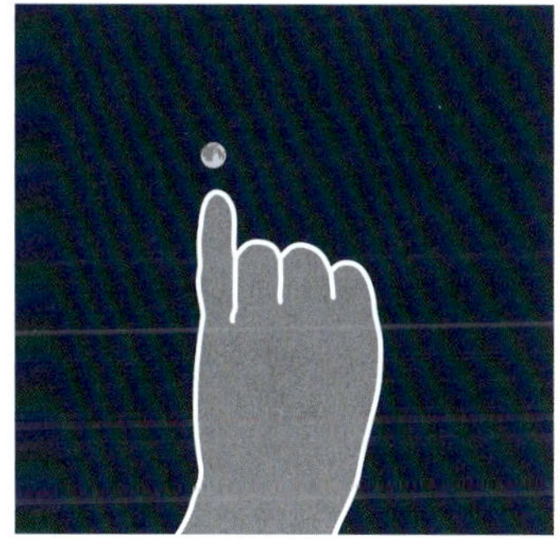

Der kleine Finger misst nur circa 1°, etwa doppelt so viel wie der Vollmond.

dem Älterwerden. Verschiedene Finger und Handstellungen bieten eine ausreichende Anzahl verschiedener Winkelgrößen.

Wie lang ist der Große Wagen?

Auch bei den Sternbildern leistet die Hand wertvolle Dienste. Sternkarten stellen einen mehr oder weniger großen Himmelsausschnitt auf einer relativ kleinen Fläche dar. Das macht es schwierig, die realen Größen der Sternbilder am Himmel einzuschätzen. Zum Glück gibt es einige Sternbilder, die wie geschaffen für Ihre Hand sind. Haben Sie einmal deren wirkliche Größe kennen gelernt, ist dieser Erfahrungswert leicht auf andere Sternbilder übertragbar. Ein gutes Beispiel dafür ist der Große Wagen: Ihre geschlossene Faust bedeckt recht genau die Fläche seines Kastens.

Tipp: Die verschiedenen Jahreszeiten zeigen bekannte Sternbilder, die leicht mit der Hand »messbar« sind:

- Frühjahr: Ihre geschlossene Faust bedeckt fast genau den Kasten des Großen Wagen.
- Sommer: Das Sternbild Schwan misst vom Schwanz (Deneb) bis zum Schnabel (Albireo) etwa 20° und passt zwischen Daumen und kleinen Finger.
- Herbst: Die Kassiopeia, das »Himmels-W« ist ebensfalls etwa so groß wie Ihre geschlossene Faust.
- Winter: Wie der Schwan misst der Orion von Kopf bis Fuß ungefähr 20°.

Beobachtung

31

Die großen Sternmuster: schnelle Orientierung am Nachthimmel

Für den ungeübten Beobachter ist es eine Herausforderung, die *Sternbilder* im Gewimmel des Nachthimmels zu identifizieren. Besonders dann, wenn der helle Stadthimmel nur die hellsten Sterne zeigt oder im umgekehrten Fall, wenn der Himmel am Standort sehr dunkel ist und mehr Sterne sichtbar sind, als auf einer Sternkarte verzeichnet sind.

Weniger ist mehr

Jetzt gilt es, sich auf das Wesentliche zu konzentrieren und geschickt die »Schnellstraßen« des Nachthimmels zu nutzen: Einige Sternbilder sind derart angeordnet, dass sie sich gut als Wegweiser zu anderen Sternbildern eignen und einige helle Sterne lassen sich zu markanten Mustern zusammenfassen.

Folge dem Bogen der Deichsel…

Dieser Merkspruch ist eine gute Hilfestellung am Frühlingshimmel. Im Zenit sehen Sie jetzt abends den Großen Wagen. Verlängern Sie in Ihrer Vorstellung den Bogen der Deichsel in Richtung Horizont, treffen Sie nach ungefähr der doppelten Deichsellänge auf den hellsten Stern im Himmelsareal: den rötlichen Arktur im Sternbild Bärenhüter. Im weiteren Schwung des »Bogens« finden Sie nach etwa der gleichen Distanz einen weiteren hellen Stern, Spika in der Jungfrau.

Dreieck die Erste

Mit Arktur und Spika haben Sie schon zwei Ecken des großen Frühlingsdreiecks beisammen. Zur Vervollständigung fehlt jetzt nur noch

Die wichtigsten Sternbilder des Frühlingshimmel.

Regulus im Löwen, der mit den beiden Sternen das große Dreieck bildet. Auch diesen Stern ist schnell gefunden: Die Verbindungslinie der beiden vorderen Kastensterne des Großen Wagen zeigt zum Horizont verlängert auf Regulus.

Dreieck die Zweite

Wega, der dritthellste Stern am Nordhimmel, ist ein idealer Startpunkt im Sommer, jetzt steht er am späten Abend praktisch im Zenit. Mit dem etwas schwächer leuchtenden Deneb – dem Schwanz des Schwans – und Atair im Adler formieren sich die drei Sterne zum Sommerdreieck. Folgen Sie der Flugrichtung des Schwans, finden Sie tief am Südhorizont den hellrötlich leuchtenden Antares im Skorpion.

Die wichtigsten Sternbilder des Sommerhimmels.

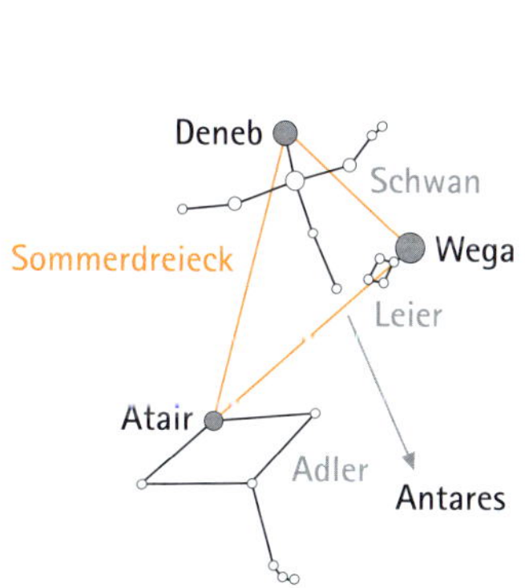

Die wichtigsten Sternbilder des Herbsthimmels.

Die wichtigsten Sternbilder des Winterhimmels.

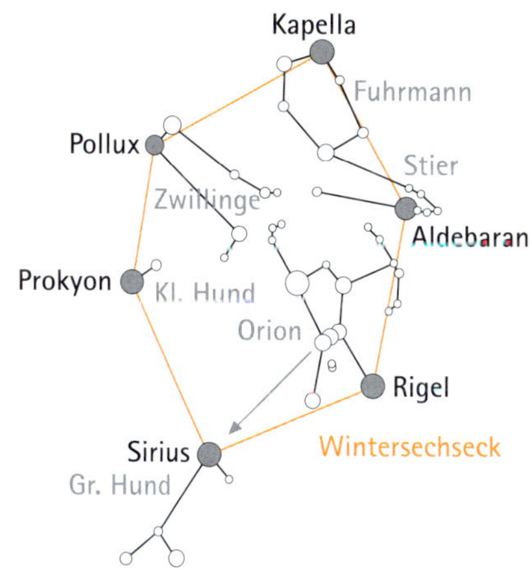

Vis-a-vis

Das markante Sternbild des Herbstes ist die Kassiopeia. Das auffällige »W« der Kassiopeia steht genau gegenüber dem Großen Wagen mit Polaris in ihrer Mitte. Im Herbst zeigt sich außerdem das Herbstviereck, welches aus den Hauptsternen des Sternbilds Pegasus besteht. Ausgehend von Pegasus weist eine Kette von vier gleich hellen Sternen in Richtung Osten zu Mirphak im Perseus. Dort teilt sich das Sternbild in zwei Schenkel. Folgen Sie der linken, etwas gebogen Sternkette, treffen Sie bald auf die Plejaden und etwas später auf den unscheinbaren Kopf des Walfisches.

Sixpack im Winter

Der Winter zeigt den Orion, ein großes Sternrechteck, das durch eine Linie aus drei Sternen, den so genannten Gürtelsternen in der Mitte geteilt wird. Von dort aus in Richtung Südosten ist Sirius, der hellste Stern am Himmel, nicht zu übersehen. Sirius gehört zum größten Sternmuster des Nordhimmels, dem Wintersechseck. Dies wird durch Prokyon im Kleinen Hund, Pollux in den Zwillingen, Kapella im Fuhrmann, Aldebaran im Stier und Rigel im Orion komplettiert. Das Sternmuster ist sehr groß und reicht fast bis in den Zenit.

32

Beobachtung

Wird es klar heute Abend?

Diese Frage wird Sie noch oft beschäftigen, wenn Sie auf eine lang ersehnte Beobachtungsnacht hoffen, denn die Wetterbedingungen im deutschsprachigen Raum sind für die Astronomie leider alles andere als optimal. Aber was heißt eigentlich klar? – und gibt es bereits tagsüber erkennbare Anzeichen, die auf die Qualität der kommenden Nacht schließen lassen?

Klar ist nicht gleich klar

An erster Stelle benötigen Sie natürlich einen wolkenlosen Himmel, der den Blick auf die Sterne freigibt. Aber ob dieser auch wirklich klar ist, hängt davon ab, wie viel Feuchtigkeit und Staub in der Atmosphäre sind, die das Licht streuen und den Himmel dunstig und trübe erscheinen lassen. Diese Durchsicht oder *Transparenz* genannte Himmelsqualität, ist nur bei bestimmten Wetterlagen besonders gut.

Tief und Kalt

Mit kristallklaren Nächten ist fast immer nach dem Durchzug eines Tiefdruckgebietes zu rechnen. Wind, Regen und die trockene Luft hinter einer Kaltfront beseitigen in der Regel Staub, Dunst und Luftfeuchtigkeit in der Atmosphäre. In der ersten und zweiten Nacht nach dem Durchzug des Tiefs sollten Sie auf jeden Fall ihr Teleskop bereithalten, denn jetzt ist die Zeit für die Beobachtung lichtschwacher Objekte wie Nebel und Galaxien. Ebenso sind die ersten Nächte einer Schönwetterperiode im Sommer meist noch sehr klar. Danach sammelt sich wieder vermehrt Staub in der trockenen Luft an.

Tagsüber gibt es einige leicht erkennbare Zeichen, die in der folgenden Nacht eine gute Transparenz erwarten lassen:

- der Himmel erscheint tagsüber bis in Horizontnähe blau und nicht weißlich aufgehellt
- der Sonnenuntergang ist eher unscheinbar, mit gelblich-weißer Sonne
- Kondensstreifen von Flugzeugen lösen sich innerhalb von Minuten auf

Nächtliche Unruhe

Neben der Transparenz beeinflussen insbesondere Turbulenzen in der Atmosphäre die Qualität einer Beobachtungsnacht. Diese als *Seeing* bezeichnete Luftunruhe bewirkt, dass das Abbild eines Sterns oder Planeten in kleinen Teleskopen bis etwa 100mm Öffnung hin und her wabert und in größeren Teleskopen kaum mehr scharf zu erkennen ist.

Des einen Freund, des anderen Feind

Was für die Transparenz noch gut war, ist für das Seeing schlecht: Wind. Die Luft im Rücken einer Kaltfront ist sehr turbulent. Schauen Sie einmal genau auf die Sterne, sie werden meistens flackern. Diese *Szintillation* ist ein Anzeiger für große Luftunruhe. Flimmern diese auch in Horizontnähe nur wenig oder gar nicht, ist eine gute Nacht für die Jagd auf Planeten oder Doppelsterne angesagt. Jetzt ist es möglich, hohe Vergrößerungen einzusetzen und die Grenzen Ihres Teleskops auszuloten. Generell ist nahe dem Horizont das Seeing schlechter als im Zenit. Darüber hinaus gibt es auch einen Tagesgang des Seeings: Kurz vor Sonnenuntergang ist die Luftunruhe am kleinsten, nimmt bis Mitternacht zu und danach wieder ab, um dann mit dem Aufsteigen der Sonne wieder zuzunehmen.

Anzeichen für gutes Seeing:

- wenig Wind oder Windstille
- keine Szintillation der Sterne in größerer Höhe über dem Horizont
- stabile Wetterlagen mit Hochdruck während des Sommers und im Winter, besonders in etwas nebligen Nächten

Digitales Wetter

Das Internet bietet die Möglichkeit, sich lückenlos über die Wetterentwicklung auf dem Laufenden zu halten. Einige Anregungen für eigene Recherchen finden Sie bei folgenden Seiten:

- www.wetter3.de (GFS-Wettermodell)
- www.meteoblue.com (mit lokaler Seeingvoraussage)
- www.donnerwetter.de (mit 2-Stunden Vorhersage in Echtzeit)

Tipp: Das Wetter können Sie nicht verändern, aber »lokales« Seeing mit einigen wenigen Maßnahmen minimieren:

- Lassen Sie das Teleskop (besonders im Winter) vor Beobachtungsbeginn mindestens eine Stunde lang auskühlen, besonders wenn es im Haus aufbewahrt wird.
- Beobachten Sie Objekte möglichst in Zenitnähe.
- Vermeiden Sie zum Aufstellen des Teleskops Flächen, die nachts noch Wärme abstrahlen, wie Steinflächen, Beton oder Asphalt, besser ist Gras oder Erdboden.
- Beobachten Sie nicht über nah stehende Häuser hinweg, besonders im Winter steigt von diesen Wärme auf.

Beurteilung der Luftunruhe

Mit der Antonialdi-Skala ist es möglich die Qualität des Seeings in fünf Stufen einzuordnen:

Seeingqualität	Häufigkeit	max. Vergrößerung
1: sehr gutes Seeing scharfes Bild ohne jegliche Bildunruhe	etwa 5 Nächte im Jahr	2-fache Öffnung in mm
2: gutes Seeing langsames Flimmern mit sekundenlangen ruhigen Bildern	etwa 5 Nächte im Monat	1,5-fache Öffnung in mm
3: mittelmäßiges Seeing deutlich schnelles Flimmern, ruhiges Bild nur in Augenblicken	etwa 10 Nächte im Monat	1-fache Öffnung in mm
4: schlechtes Seeing ständiges Flimmern und unscharfes Bild	etwa 10 Nächte im Monat	Beobachtung nicht sinnvoll
5: sehr schlechtes Seeing ständig stark waberndes unscharfes Bild ohne jegliche Details	restliche Nächte	Beobachtung nicht sinnvoll

- Wenn Sie bei mittelmäßigem Seeing beobachten, versuchen Sie nicht ständig die Schärfe zu korrigieren, sondern warten geduldig die Momente ab, in denen die Luft ruhig und das Bild scharf ist.
- Ein Teleskop mit großer Öffnung ab etwa 150mm wird vom Seeing stärker beeinträchtigt als ein Teleskop mit kleinerer Öffnung und kann daher seltener genutzt werden.

Beobachtung

33 Ein optimaler Beobachtungsplatz

Für die erfolgreiche Beobachtung von lichtschwachen Himmelsobjekten wie z.B. Galaxien, Nebel und Kometen gibt es eine elementare Voraussetzung: ein dunkler Nachthimmel. Die Himmelsobjekte erscheinen umso heller und kontrastreicher, je dunkler der Himmelshintergrund ist. Auch schwache punktförmige Objekte wie Sterne, Asteroiden oder z.B. die winzigen Lichtpunkte der Saturnmonde werden an einem dunklen Standort besser sichtbar. Selbst bei einer Planetenbeobachtung kann helles Licht beim Erkennen von feinen Details sehr stören. Welche Merkmale sollte also ein guter Beobachtungsplatz haben und wie können Sie einen solchen Standort finden?

Checkliste Beobachtungstandort

- ausreichend Abstand zu großen Städten und Ballungszentren
- keine sichtbaren Lichtquellen wie Laternen, Autoscheinwerfer oder Skybeamer
- Zufahrtswege, die auch im Winter oder nach Regen befahrbar sind
- freier Horizontblick, besonders in Südrichtung
- hell und strukturiert sichtbare Milchstraße

Vorspiel

Wirklich gute Beobachtungsbedingungen findet man aufgrund der zunehmenden *Lichtverschmutzung* in Deutschland nur noch relativ weit außerhalb der Städte, da Industrieanlagen, Straßenbeleuchtung, Flutlichtanlagen und Leuchtreklamen den Nachthimmel stark aufhellen. Verwenden Sie eine gute Straßenkarte oder besser eine topografische Karte mit kleinem Maßstab zur ersten Orientierung und achten Sie bei der Wahl des Standortes auf eine Entfernung von gut 30–50km Abstand zu größeren Städten und Ballungszentren. Nur dort erscheinen die Lichtkegel der Städte so schwach, dass die entsprechende Himmelsrichtung wenig aufgehellt ist. Aber auch kleine Gemeinden und Dörfer in der Nähe können den Nachthimmel empfindlich aufhellen und sollten wenn möglich im Umkreis von einigen Kilometern gemieden werden. Von vornherein auszuschließen sind ebenfalls Plätze, die in engen Tälern liegen oder von Bergen und Hügeln eingeschlossen sind und so die Horizontsicht stark einschränken. Als Alternative zu gedruckten Karten bietet das Internet heute Anwendungen wie z.B. GoogleEarth, die fast jeden Punkt der Erde in teilweise sehr hoher Auflösung als Satellitenaufnahme zeigen und ebenfalls bei der Vorauswahl geeigneter Plätze hilfreich sind.

Generalprobe im Hellen

Als nächstes sollten Sie einen Ausflug bei Tage zu den möglichen Beobachtungsplätzen einplanen. Dabei lernen Sie am besten die noch unbekannte Fahrtstrecke kennen und die Bedingungen vor Ort einzuschätzen. Achten Sie auf Zufahrtswege, die auch nach Regen oder bei Schnee befahrbar sein sollten! Wenn jetzt die Horizontsicht, besonders in Richtung Süden, dort wo die Sterne ihre höchste Stellung über dem Horizont erreichen, frei ist, haben Sie einen möglichen Beobachtungsplatz entdeckt.

Premiere im Dunkeln

Wirklich grünes Licht für Ihren Platz können Sie allerdings erst bei der Sichtung während einer sternklaren Nacht mit guter *Transparenz* des Himmels geben. Denn jetzt macht sich eine Lichtverschmutzung durch

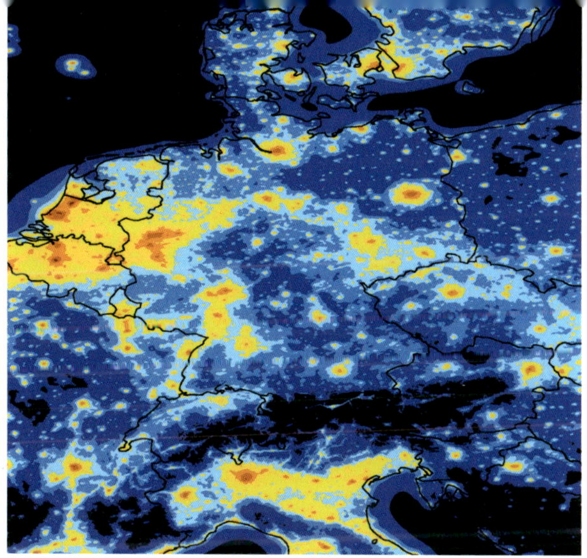

Übersichtskarte der Lichtverschmutzung im deutschsprachigen Raum: orange und gelbe Flächen zeigen eine starke Lichtverschmutzung an, blaue und besonders schwarze Flächen dagegen sind weniger belastet. Deutlich sind die Ballungszentren erkennbar.

Städte und Ortschaften, Skybeamer – auffällige, sich meistens bewegende Lichtbündel, die an den Himmel projiziert werden – direkt sichtbare Straßenlaternen und Blendung durch vorbeifahrende Autos bemerkbar. Testen Sie den Platz am besten an einem Wochenende, dann sind oft auch nachts die Nebenstrecken befahren und die Lichtreklamen von Diskotheken eingeschaltet. Achten Sie hier wieder besonders auf den Südhorizont. In Richtung Norden sollte außerdem zum korrekten Einnorden von parallaktischen Montierungen der Blick auf den Polarstern frei sein.

Da Capo

Wenn sich jetzt noch die Milchstraße als ein reich strukturiertes Band darstellt, das den Himmel als durchgängiges Leuchten überspannt und fast bis zum Horizont reicht, haben Sie einen Volltreffer gelandet, denn solche Plätze sind rar gesät.

Doppelte Freude

Sie können sich außerdem bei einer Sternwarte in Ihrer Nähe nach geeigneten Beobachtungsmöglichkeiten erkundigen, vielleicht finden Sie auch eine Gruppe von Gleichgesinnten, die ihren Platz mit Ihnen zusammen nutzen werden. Denn gemeinsam beobachten macht gleich doppelt Spaß! Auch im Internet können Sie fündig werden: Viele Sternfreunde präsentieren dort ihr Hobby. Suchen Sie einfach einmal nach dem Stichwort »Hobbyastronomie«.

Tipp: Astronomie-Foren im Internet

- www.astronomie.de
- www.astrotreff.de

Tipp: Sprechen Sie auch mit Anwohnern, Jägern und den Besitzern von Wiesen und Grundstücken, auf denen Sie beobachten möchten und erklären Sie Ihnen, was Sie beabsichtigen. So können Sie schon im Vorfeld eventuellen Ärger oder Missverständnisse vermeiden, denn nur den wenigsten »Nicht-Hobbyastronomen« dürfte geläufig sein, was oftmals vermummte Gestalten mit langen Rohren Nachts auf dem Feld verloren haben.

Beobachtung

34 Wie hell sind die Sterne – wie dunkel ist der Himmel?

Zur Helligkeitsbestimmung der Sterne hat uns der griechische Astronom Hipparch schon im 2. Jahrhundert vor Christus Vorarbeit geleistet. Er legte fest, dass die hellsten mit dem bloßen Auge sichtbaren Sterne am Himmel die *Größenklasse* 1 erhalten und die schwächsten, gerade noch erkennbaren Sterne, die Größenklasse 6. Diese *scheinbare Helligkeit* gibt die Helligkeit an, mit der uns ein Stern am Himmel erscheint: Er kann z.B. ganz nah und leuchtschwach oder auch weit entfernt und leuchtkräftig sein.

Logisch im Rhythmus

Die Größenklassen werden mit dem Kürzel »mag« oder einem hochgestellten ^{m} (von lat. Magnitudo) abgekürzt. Je kleiner die Größenklasse, desto heller erscheint ein Stern. Der Unterschied einer Größenklasse zur nächsten beträgt dabei jeweils etwa das 2,5-fache der vom Stern abgegebenen Strahlung. Ein 6^{m}-Stern ist somit 100 Mal schwächer als ein 1^{m}-Stern. Diese logarithmische Skalierung entspricht der Wahrnehmung unserer Augen. Mit der Erfindung des Teleskops wurden die Grenze der Beobachtbarkeit und damit auch die Skala der Größenklassen erweitert. Heute können wir mit den größten Teleskopen Sterne bis zur 30. Größenklasse fotografieren. Das entgegengesetzte Ende der Skala bildet die Sonne, mit einer Helligkeit von $-26{,}^{m}7$.

Sag mir wie viel Sternlein stehen…

Je dunkler der Himmel an einem Standort ist, desto mehr Sterne können wir sehen. Im Zentrum einer typischen Großstadt sind nur etwa 35 Sterne bis ungefähr 2^{m} sichtbar. Ein sehr dunkler Landhimmel

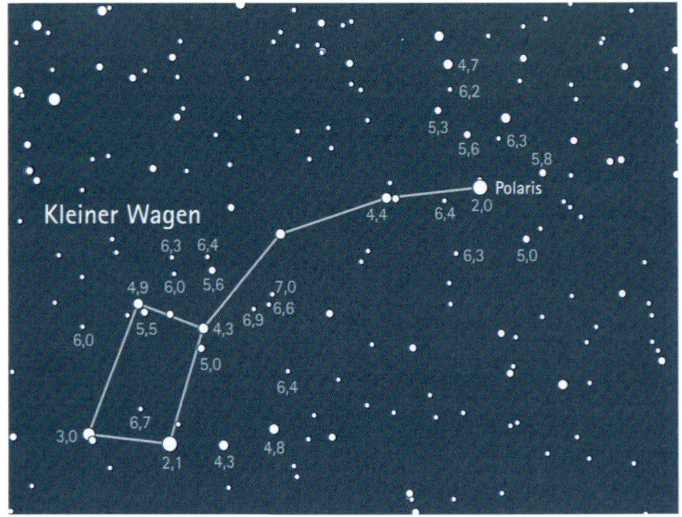

Ein geeignetes Areal für die Grenzgrößenbestimmung ist die Polsequenz im Kleinen Wagen.

mit $6{,}^{m}5$ dagegen ist schon mit über 2500 Sternen übersät. Mit der Grenzgrößenbestimmung (faintest star-Bestimmung – fst), also der Bestimmung des schwächsten mit dem bloßen Auge sichtbaren Sterns, werden verschiedene Standorte und Beobachtungsbedingungen miteinander vergleichbar. Dabei suchen Sie in einem begrenzten Himmelsareal, zum Beispiel dem Zenit oder in der Umgebung Ihres Beobachtungsobjektes, den schwächsten gerade noch erkennbaren Stern und bestimmen dessen Helligkeit mit Hilfe eines Atlas oder einer speziellen Aufsuchkarte. Die Größenklasse dieses Sterns bestimmt folglich die *Grenzgröße* zur Zeit der Beobachtung.

Das Sky Quality Meter (SQM) ist nur etwa so groß wie eine Zigarettenschachtel. Die Messung erfolgt auf Knopfdruck automatisch und ist nach wenigen Sekunden abgeschlossen.

Klasse Himmel

Eine alternative Methode zur Beurteilung des Himmels an einem Standort ist die so genannte *Bortle-Skala*. Diese unterteilt die Himmelsqualität in neun Stufen. Als Vergleich zu dieser Einteilung sind in der Tabelle die ungefähren Grenzgrößen und die mit dem bloßen Auge sichtbaren Sterne dargestellt. In Deutschland ist ein Himmel der ersten und zweiten Klasse praktisch nicht zu finden. Lediglich im alpinen Hochgebirge kann in Ausnahmenächten die Stufe 2 erreicht werden.

Helligkeit auf Knopfdruck

Ein sinnvolles Hilfsmittel zur Messung der Himmelshelligkeit ist das sog. Sky Quality Meter (SQM). Das kleine elektronische Gerät ermittelt die Himmelshelligkeit mit Hilfe eines Sensors, der gemessene Wert wird dabei in einer speziellen Einheit, der *Flächenhelligkeit* angezeigt. Verschiedene Beobachtungsbedingungen oder die Lichtverschmutzung lassen sich damit objektiv dokumentieren, da die Messung nicht von Tagesform, Erfahrung und Sehstärke des Beobachters abhängig ist.

Absolute Helligkeit
Die absolute Helligkeit ist das Maß für die vom Stern abgestrahlte Energie und gibt die scheinbare Helligkeit eines Sterns an, würden wir diese aus der Standardentfernung von 10 Parsec sehen.

Bortle-Skala

Stufe	Beschreibung	Grenzgröße mit bloßem Auge
Stufe 1	Milchstraße wirft sichtbare Schatten	ca. 7ᵐ5
Stufe 2	Milchstraße sehr komplex, Wolken wirken wie schwarze Flecken	ca. 7ᵐ0
Stufe 3	Milchstraße stark strukturiert, leichte Lichtverschmutzung am Horizont	ca. 6ᵐ5
Stufe 4	Milchstraße strukturiert, Lichtverschmutzung in Horizontnähe, M 13 sichtbar	ca. 6ᵐ0
Stufe 5	Milchstraße im Zenit sichtbar, M 31 sichtbar	ca. 5ᵐ5
Stufe 6	Himmel leicht erleuchtet, im Zenitbereich deutlich dunkler, M 44 sichtbar	ca. 4ᵐ5
Stufe 7	Himmel erleuchtet, kleinere Sternbilder bleiben unsichtbar	ca. 4ᵐ0
Stufe 8	Himmel stark erleuchtet, M 45 sichtbar	ca. 3ᵐ5
Stufe 9	Himmel hell erleuchtet, nur die hellsten Sterne sichtbar	ca. 2ᵐ0

35 Wie finde ich Himmelsobjekte mit dem Teleskop?

Das Aufspüren selbst »anspruchsvoller« Himmelsobjekte wie z.B. schwacher *Galaxien*, *Kometen* oder *Asteroiden* ist im Prinzip nicht schwer – wenn Sie anfangs strikt systematisch vorgehen. Später können Sie sogar ein so trainiertes Objekt leicht ohne die Hilfe einer Sternkarte finden. Ein planloses »herumstochern« am Nachthimmel verspricht allerdings nur Frust! Am Beispiel der Feuerrad-Galaxie M 101 im Großen Wagen können Sie ein erfolgreiches Auffinden Schritt für Schritt leicht nachvollziehen:

1. Schritt: Ein guter Startpunkt

Auf einer Sternkarte finden Sie M 101 nahe des *Doppelsterns* Alkor und Mizar in der Deichsel des Großen Wagens. Die beiden Sterne eignen sich gut als Startpunkt, da sie in einer überschaubaren Entfernung zum Ziel liegen und leicht mit dem bloßen Auge sichtbar sind. Peilen Sie mit dem Sucherfernrohr das Paar an und positionieren es im Zentrum des Fadenkreuzes. Liegt das gesuchte *Deep-Sky-Objekt* in einem Gebiet mit nur sehr schwachen oder gar keinen sichtbaren Sternen, ist ein zusätzlicher *Leuchtpunktsucher* von Vorteil: Versuchen Sie dann, einen Bezug zu in der Umgebung stehenden hellen Sternen in Form von geometrischen Mustern, wie z.B. einem Dreieck zu bilden. Stellen Sie sich vor, dass Ihr Ziel auf einem Punkt dieser imaginären Verbindungslinien liegt, und visieren diesen an.

2. Schritt: Star-Hopping, die Königsdisziplin

Jetzt kommt eine Methode ins Spiel, die als *Star-Hopping* bezeichnet wird: Dabei »hangeln« Sie sich von Stern zu Stern bis hin zum gewünschten Objekt. Dafür benötigen Sie auf jeden Fall eine detaillierte Sternkarte oder einen Atlas.

Tipp: Eine große Hilfe ist die Verwendung einer Schablone für Ihren Atlas, die das tatsächliche Gesichtsfeld Ihres Suchers und Ihrer Okulare zeigt – mit einem wasserfesten Filzstift und einer Klarsichtfolie ist das leicht gemacht. So ausgerüstet können Sie schnell den Ausschnitt am Himmel sehen, der auch im Okular oder dem Sucher sichtbar wird.
Das *tatsächliche Gesichtsfeld* eines Okulars errechnet sich, indem Sie das *scheinbare Gesichtsfeld* durch die Vergrößerung (V) teilen.
<u>Beispiel:</u> 50° : 30-fach = 1,6° tatsächliches Gesichtsfeld

Ebenso können sie zur Beobachtungsvorbereitung zu Hause auffällige Muster zur Orientierung beim Star-Hopping auf der Karte einzeichnen. Damit solche Formen deutlicher erscheinen, kann es hilfreich sein, beim Betrachten der Karte die Augen etwas zusammen zu kneifen!

- Finden Sie auf der Karte helle Sterne oder Sterne, die markante Muster bilden, wie Ketten, Paare, Vierecke oder Dreiecke. Im Falle von M 101 ist das eine Kette aus fünf Sternen, die Sie fast bis ans Ziel führt.
- Versuchen Sie im Sucher den ersten Stern der Kette, die zu M 101 führt, zu identifizieren. Aber Achtung! Die Orientierung im Sucherfernrohr ist eventuell anders als auf der Karte, z.B. auf dem Kopf stehend oder seitenverkehrt. Drehen Sie den

Atlas dann so, dass er wenn möglich mit der Orientierung im Sucherfernrohr übereinstimmt.

- Ist der erste Stern sicher erkannt, »hüpfen« Sie zum nächsten Stern in der Kette, indem Sie immer wieder den Anblick im Okular mit dem in der Karte vergleichen. Am vierten Stern biegen Sie in Richtung Nordosten ab und sind dann nach einem weiteren Stern praktisch schon bei M 101 gelandet.

3. Schritt: Näher ran – vom Sucher zum Okular

Wenn Sie Glück haben, ist das Ziel jetzt schon durch das Sucherfernrohr zu sehen. Oftmals bleiben Deep-Sky-Objekte jedoch darin unsichtbar. Im Beispiel von M 101 ist das unter einem aufgehellten Himmel in Stadtnähe der Fall. Wechseln Sie jetzt zum Teleskop und verwenden Sie ein Okular mit einer geringen Vergrößerung und größtmöglichem *Gesichtsfeld*. Und wieder aufgepasst! Denn die Orientierung im Okular kann ebenfalls anders sein als die Ausrichtung im Sucher. Vergleichen Sie deshalb den Anblick zwischen Sucher, Okular und Sternkarte ein weiteres mal sorgfältig, bis Sie sicher sind, alle Sterne identifiziert zu haben. Nun sollte die Galaxie als schwacher nebliger Fleck sichtbar sein – herzlichen Glückwunsch! Damit ist der Grundstein für weitere erfolgreiche Sternhüpfer gelegt. Danach können Sie sich in Ruhe an die optimale Vergrößerung herantasten.

Pech gehabt

Bleibt die Galaxie jedoch partout unsichtbar, überprüfen Sie noch einmal die korrekte Position anhand der Sternkette und ändern eventuell leicht die Ausrichtung des Teleskops. Wenn Sie sich komplett »verfahren« haben, beginnen Sie allerdings am besten noch einmal am Startpunkt, hier im Beispiel von M 101 bei Mizar und Alkor.

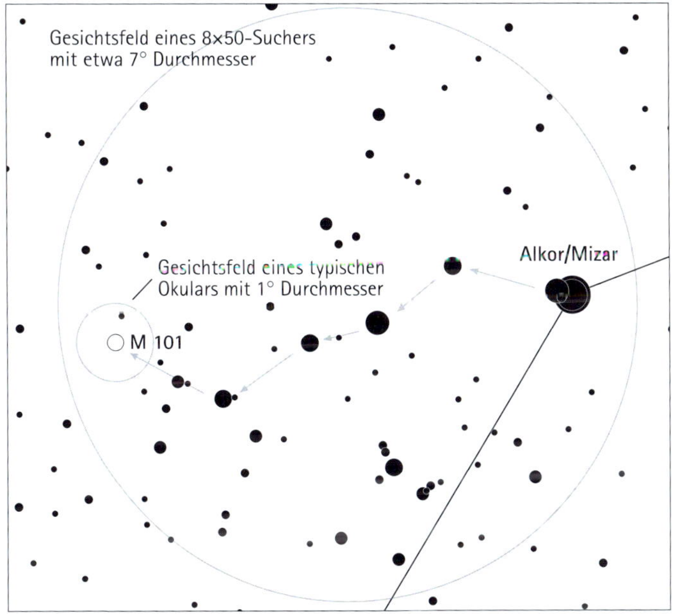

Nahe bei Alkor/Mizar treffen Sie auf eine Sternkette, die Sie praktisch bis zu M 101 führt. Beachten Sie allerdings, dass die Darstellung im Sucher oder Okular seitenverkehrt oder auch auf dem Kopf stehen kann. Bewegen Sie deshalb das Teleskop einmal leicht nach oben und unten und nach links und rechts. So bekommen Sie ein Gefühl dafür, wie Sie das Teleskop verstellen müssen, um in eine bestimmte Richtung zu gelangen. Am Ende der Sternkette angekommen, wechseln Sie zum Teleskop und blicken in das Okular. Falls Sie die Galaxie noch nicht sehen können, wiederholen Sie auch hier erst einmal diese Prozedur, bevor Sie weitersuchen, denn die Orientierung kann wieder anders sein als im Sucherfernrohr.

Beobachtung

36 Wie groß erscheinen Himmelsobjekte im Teleskop?

Selbst bei optimalen Beobachtungsbedingungen kann es vorkommen, dass ein Himmelsobjekt partout unauffindbar bleibt. Eine Möglichkeit für den Misserfolg ist eine falsche Vorstellung von der Größe des Objektes und damit eine ungeeignete Wahl der Vergrößerung oder die Verwendung eines zu kleinen *Gesichtsfelds*.

Mal groß, mal klein

Himmelsobjekte können in ihrer Ausdehnung sehr unterschiedlich sein. Planeten z.B. sind meist weniger als eine *Bogenminute* groß. Selbst Saturn mit seinem Ringsystem erreicht eine scheinbare Größe am Himmel, die gerade einmal 1/40 des Durchmessers des Mondes erreicht. Dasselbe gilt für etliche Deep-Sky-Objekte. Der berühmte Ringnebel M 57 ist mit 1,2' Durchmesser schon ein großer Vertreter der Klasse der *Planetarischen Nebel*. Auch viele Galaxien sind nur wenige Bogenminuten groß und bei Vergrößerungen unter 100-fach nur als kleine Flecken im Gesichtsfeld Ihres Okulars sichtbar. Somit können sie schnell übersehen werden. Dagegen erscheint unsere Nachbargalaxie M 31, die Andromedagalaxie, mit 3° Durchmesser am Himmel so ausgedehnt, das sie selbst mit einer sehr niedrigen Vergrößerung nicht als Ganzes überschaubar ist. Hier zählt ein großes Gesichtsfeld.

Tipp: Die Grafiken zeigen schematisch einige bekannte Planeten und Deep-Sky-Objekte im Vergleich zur Größe des Vollmonds. Der Mond erscheint am Himmel mit einem Durchmesser von etwa 0,5° oder 30'. Beobachten Sie den Mond mit einer Vergrößerung, so dass er etwa die Hälfte bis drei Viertel des Gesichtsfelds einnimmt. Damit haben Sie einen guten Anhaltspunkt, auch die Größen anderer Himmelsobjekte in Ihrem Teleskop einzuschätzen.

Der riesenhafte Jupiter erscheint am Himmel nur noch mit einer Größe von maximal 50,1".

Die Venus erreicht je nach Position in ihrer Umlaufbahn einen scheinbaren Durchmesser von 9,6" bis 64,3".

Der berühmte Ringnebel M 57 ist mit 1,2' Durchmesser im Vergleich mit dem Mond nur winzig.

Der Krebsnebel M1 im Sternbild Stier ist schon 5'×4' groß und erscheint mit mittleren Vergrößerungen als kleiner nebliger Fleck.

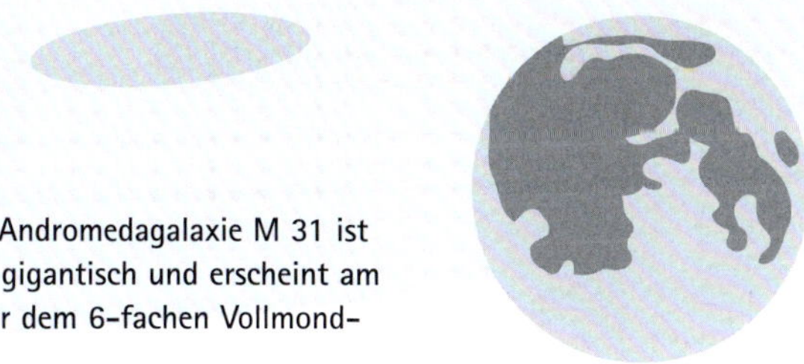

Die 3°×1° große Scheibe der Andromedagalaxie M 31 ist in ihren Ausmaßen wahrhaft gigantisch und erscheint am dunklen Himmel mit ungefähr dem 6-fachen Vollmonddurchmesser.

Der Durchmesser des Kugelsternhaufens M 13 beträgt 8', ca. 1/4 Vollmonddurchmesser. Somit ist M 13 mit einer Helligkeit von $5\overset{m}{,}7$ mit einem Fernglas gut sichtbar.

Der Lagunennebel M 8 ist mit einer Größe von 20'×10' unter guten Bedingungen schon mit dem bloßen Auge erkennbar.

M 42 bedeckt eine Fläche praktisch so groß wie der Vollmond. Zur Gesamtansicht ist deshalb eine kleinere Vergrößerung notwendig.

Beobachtung

37 Das »richtige« Beobachten

Einsteiger sind nach den ersten Beobachtungsnächten oft entmutigt: Sie haben keine der mit großer Spannung erwarteten Objekte gefunden oder sind von ihrem Anblick enttäuscht. Die Aufnahmen der großen Teleskope präsentieren *Deep-Sky-Objekte* in brillanten Farben. Ein typisches Beispiel ist die Andromedagalaxie M 31: Die Fotografie zeigt eine strahlende Sterninsel mit glühendem Zentralbereich und mächtigen Spiralarmen. Doch der Blick durch das Teleskop kann dies nicht wiedergeben. Nebel, Galaxien und Kometen erscheinen auf den ersten Blick als blasse und farblose Gebilde und Planeten oftmals nur als winzige Scheiben ohne Details.

Erfolgreich Himmelsobjekte sehen

Für die Beobachtung von lichtschwachen Objekten wählen Sie eine mondlose Nacht an einem dunklen Platz außerhalb der Stadt und lassen Ihren Augen Zeit sich an die Dunkelheit zu gewöhnen, bevor Sie mit der Beobachtung beginnen. Die Pupillen erweitern sich in der Dunkelheit innerhalb von Sekunden. Das Auge kann so auf Lichtwechsel schnell reagieren. Die eigentliche Helligkeitsanpassung wird aber durch biochemische Prozesse in der Netzhaut gesteuert. Dieser Vorgang wird Dunkel*adaption* genannt und dauert etwa 30 - 45 Minuten, bis eine optimale Sehfähigkeit in der Dunkelheit erreicht wird. Erst mit einer vollständigen Adaption können bei der Beobachtung von Deep-Sky-Objekten z.B. lichtschwache neblige Strukturen erkannt werden. Während und nach Erreichen der Adaptionsphase muss jeder Blick in eine helle Lichtquelle wie Straßenlaternen, Autoscheinwerfer, helle Taschenlampen oder Laptopbildschirme vermieden werden. Die Dunkeladaption würde ansonsten sofort verloren gehen und die Augen die volle Zeit benötigen, wieder die volle Dunkelsehfähigkeit zu erreichen.

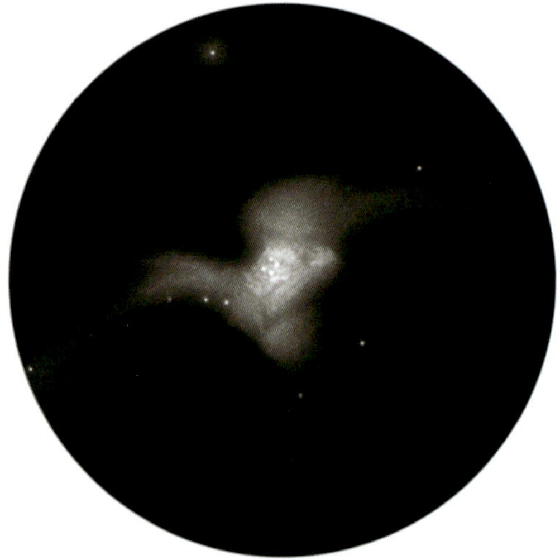

Anblick des Orionnebels M 42 in einem Reflektor mit 150mm Öffnung. Für die Bleistiftzeichnung wurde bei Vergrößerungen von 60–150-fach beobachtet und ein Nebelfilter eingesetzt, sowie die Technik des indirekten Sehens angewendet.

Mit Geduld beobachten

Geduldige Beobachtung ist eine weitere Vorraussetzung für die gelungene Sichtung von Himmelsobjekten. Besonders bei flächigen schwächeren Zielen wie Galaxien, Nebel und Kometen sollten Sie sich mindestens zehn Minuten zur Beobachtung vornehmen, da erst nach einiger Zeit feinere Details sichtbar werden. Die auf den ersten Blick monotonen Objekte können dann erst Strukturen wie helle Verdichtungen oder sogar Spiralarme offenbaren und die großen Planeten Jupiter und Saturn zeigen nach und nach Details ihrer Wolkenoberflächen. Einige astronomische Objekte leuchten allerdings so schwach, dass sie nur mit einem Trick sichtbar werden. Das liegt an einer physiologischen Eigenschaft des menschlichen Auges: Das Licht wird mit zwei unterschiedlichen Arten von Sinneszellen wahrgenommen – den Zapfen und den Stäbchen. Die Zapfen sind in der Mitte der Netzhaut konzentriert und für das farbige und scharfe Sehen zuständig. Die viel lichtempfindlicheren Stäbchen verteilen sich dagegen auf einen größeren Bereich der Netzhaut. Diese sind allerdings nur für ein recht unscharfes Schwarz-Weiß-Bild geeignet.

Die Technik macht's

Gerade diese erhöhte Lichtempfindlichkeit der Stäbchen können wir uns zu Nutze machen. Versuchen Sie deshalb sehr schwache Objekte nicht direkt anzuschauen, sondern leicht daran vorbeizublicken, damit deren Licht auf die empfindlicheren Stäbchen außerhalb der Netzhautmitte trifft. Nun werden schwächere Sterne oder z.B. lichtschwache Saturnmonde und Asteroiden sichtbar. Nebel, Galaxien und Kometen wirken ausgedehnter oder sind überhaupt erst zu erkennen. Diese Beobachtungstechnik wird als *Indirektes Sehen* bezeichnet. Eine weitere Technik beruht auf der Tatsache, dass unser Auge bewegte Objekte leichter wahrnehmen kann. Schwenken Sie das Teleskop leicht hin und her oder stoßen Sie den Tubus ein wenig an, damit das gerade sichtbare Objekt leicht bewegt wird. Für Objekte an der Grenze der Wahrnehmung ist diese Methode des *Field Sweeping*, besonders in Kombination mit indirektem Sehen, Erfolg versprechend. Eine regelmäßige Beobachtungspraxis verbessert stetig diese Fähigkeiten, auch *teleskopisches Sehen* genannt, und steigert den Beobachtungsspaß. Mit dieser Aussicht wird es Ihnen leichter fallen, eine anfängliche »Durststrecke« zu überwinden.

Tipp: Positionieren Sie die Andromedagalaxie mit einer niedrigen Vergrößerung von etwa 15-fach bis 30-fach im Gesichtsfeld des Teleskops.

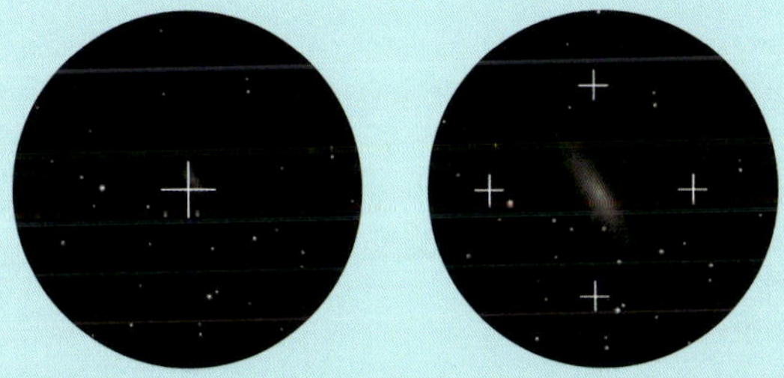

Bei indirektem Sehen wird auch die Galaxienscheibe sichtbar. Das Kreuz markiert mögliche Fixierungspunkte des Auges.

- »Spielen« Sie mit der Blickrichtung und schauen mal links, mal rechts oder auch in die Ecken des Gesichtsfeldes. Möglicherweise gibt es eine Position, mit der besonders gut weitere Details erkennbar sind.
- Kneifen Sie bei der Beobachtung nicht das »unbeteiligte« Auge zu! Das strengt die Augen schnell an. Besser ist es, das zweite Auge mit einer Hand bedeckt zu halten oder eine Augenklappe zu verwenden. Mit etwas Übung ist es auch möglich beide Augen entspannt offen zu lassen. Konzentrieren Sie sich dabei auf das »beobachtende« Auge.
- Hilfreich ist auch ein schwarzes Tuch, das Kopf, Okularauszug und Okular einhüllt und vor Umgebungslicht schützt.

Beobachtung

38 Die ersten Astrofotos

Der Wunsch, das im Fernrohr Gesehene mit der Kamera festzuhalten, entsteht manchmal schon nach wenigen Beobachtungsnächten. Bis mit dem Teleskop als Aufnahmeoptik zufrieden stellende Ergebnisse erzielt werden, benötigen Sie allerdings eine Menge Erfahrung im Umgang mit Montierung und motorisierter Nachführung. Für die ersten Astrofotografien ist aber gar nicht so viel Aufwand nötig.

Strich um Strich

Einen leichten Einstieg in die Astrofotografie ermöglicht die Aufnahme von *Strichspuren*. Dafür können Sie sogar erst einmal das Teleskop zur Seite legen, denn es erfordert lediglich ein Stativ und eine Kamera, die Belichtungszeiten von einigen Minuten erlaubt. Richten Sie die Kamera an einem dunklen Beobachtungsplatz zum *Himmelspol* und versuchen Sie eine Fotografie mit 10 Minuten Dauer bei nicht ganz geöffneter *Blende*, passende *Brennweiten* dafür sind 24mm–50mm. Wird der Hintergrund auf der Aufnahme zu hell, reduzieren Sie die Belichtungszeit. Bei Digitalkameras empfiehlt sich der Abzug eines *Dunkelbildes* mit gleicher Belichtungszeit. Ein irdisches Objekt im Vordergrund, z.B. Bäume oder Berge erhöht die Spannung des Motivs. Eine andere Methode ist die Serienbildaufnahme. Dafür erstellen Sie viele einzelne Bildern mit z.B. jeweils 15 bis 30 Sekunden Dauer über einen Zeitraum von etwa einer halben Stunde oder länger, möglichst ohne Pause zwischen den Aufnahmen. Mit einer speziellen Software können Sie später die Aufnahmeserie zu einer gelungenen Strichspuraufnahme am Computer verarbeiten.

Strichspuraufnahme mit einer Digitalkamera, zusammengesetzt aus 8 Einzelaufnahmen mit jeweils 2 Minuten Belichtungszeit, f/5, ISO 500. Bei sehr hellem Himmel ist es günstig, mehrere Aufnahmen mit kurzen Belichtungszeiten später am Computer zu kombinieren.

Stern-Bilder

Auch eine handelsübliche Digitalkamera mit festem Objektiv kann z.B. für Sternbildaufnahmen eingesetzt werden. Auf ein Stativ montiert sind damit stimmungsvolle Aufnahmen der *Sternbilder* oder nahe Begegnungen der Planeten und der jungen Mondsichel möglich. Bis zu etwa 15 Sekunden Dauer können Sie mit dem Normalobjektiv belichten, ohne dass die Sterne zu Strichen verzogen werden. Die unterschiedliche Helligkeit und Färbung der Sterne wird besser abgebildet, wenn Sie einen leichten Weichzeichnungsfilter vor dem Objektiv verwenden. Benutzen Sie längere Brennweiten, verkürzt sich die mögliche Belichtungszeit. Probieren Sie bei der Digitalkamera auch verschiedene Blenden- und *ISO*-Einstellungen und überprüfen Sie das Ergebnis danach auf dem Display der Kamera.

Huckepack

Besitzen Sie eine motorisierte *parallaktische Montierung*, beherrschen den Umgang damit und die genaue Ausrichtung des Teleskops auf den

Komet Machholz bei den Plejaden im Januar 2005, fotografiert mit einer Digitalkamera, »huckepack« auf einem Teleskop mit motorischer Nachführung, Belichtungszeit 30 Sekunden, Brennweite etwa 105mm, f/2, ISO 180.

Himmelspol sicher, sollten Sie ebenfalls einmal Astrofotografien mit einigen Minuten Dauer versuchen. Sie brauchen dafür:

- Spiegelreflexkamera
- Objektiv mit 50mm – 200mm Brennweite oder Weitwinkelobjektiv
- Fadenkreuzokular
- Kamerahalterung

Die Kamera wird parallel zum Teleskop mit einer speziellen Halterung entweder an die Gegengewichtsstange der Montierung oder »Huckepack« (engl. *piggyback*) direkt am Fernrohr montiert. Beginnen Sie mit kurzen Brennweiten und Belichtungszeiten von 2 Minuten und steigern nach erfolgreichen Versuchen Belichtungszeit und Brennweite. Öffnen Sie dafür die Blende und wählen eine mittlere ISO-Einstellung. Zum manuellen fokussieren ist ein heller Stern geeignet oder die Stellung »unendlich« auf ihrem Objektiv, erkennbar an der liegenden Acht. Während der Belichtung kontrollieren Sie die Nachführung an Hand eines hellen Sterns, dem sog. Leitstern, im Gesichtfeld des *Fadenkreuzokulars* am Teleskop und korrigieren gegebenenfalls.

Enge Konjunktion von Venus und Jupiter am Abend des 01.07.2015, aufgenommen mit einer Digitalkamera auf Stativ, Brennweite etwa 17mm, Belichtungszeit 0,5 Sekunden, f/5,3, ISO 100..

Tipp: Weitere lohnende Motive für den Einstieg sind:

- Milchstraße in den Sternbildern Schwan und Schütze
- Polarlichter
- Sonnenfinsternis
- Landschaftsaufnahmen bei oder mit Vollmond

Software zur Erstellung von Strichspuraufnahmen:

- www.startrails.de

Beobachtung

39 Mit der Kamera auf Planetenjagd

Bis vor 20 Jahren war die Fotografie von Mond und Planeten mit analogen Kameras und Filmmaterial eine undankbare Aufgabe, da die Unruhe der Atmosphäre, das *Seeing*, die mehrere Sekunden lang belichteten Aufnahmen detailarm und verwaschen erscheinen ließ. Man konnte sich schon glücklich schätzen, die Polkappen des Mars oder die Wolkenbänder Jupiters zu erahnen. Mit dem Auftauchen preiswerter lichtempfindlicher digitaler Kameras änderte sich diese Situation grundlegend.

Glückliche Fotos

Heute können durch die lichtempfindlichen digitalen Kameras die Belichtungszeiten auf Sekundenbruchteile reduziert werden, so dass die Chance besteht, einen Moment der Luftruhe zu erwischen. Eine Steigerung dieser Technik erlangt man dadurch, dass direkt Videos mit 30 Bildern pro Sekunde aufgenommen werden. Innerhalb von einer Minute werden so fast zweitausend Einzelaufnahmen erfasst. Geeignete Software ermöglicht es dann, die schärfsten Aufnahmen dieses Videos automatisch herauszufischen. Diese Technik ist unter dem Namen *Lucky Imaging* bekannt.

Der Clou

Jetzt kommt der eigentliche Clou: Die zweite Besonderheit dieser Software liegt nämlich darin, dass ausschließlich diese guten Aufnahmen passgenau überlagert werden, so dass sich ein sog. *Summenbild* ergibt, welches deutlich rauschfreier als ein Einzelbild ist. Diese Technik wird *Stacking* genannt. Mit ausgeklügelten mathematischen Verfahren

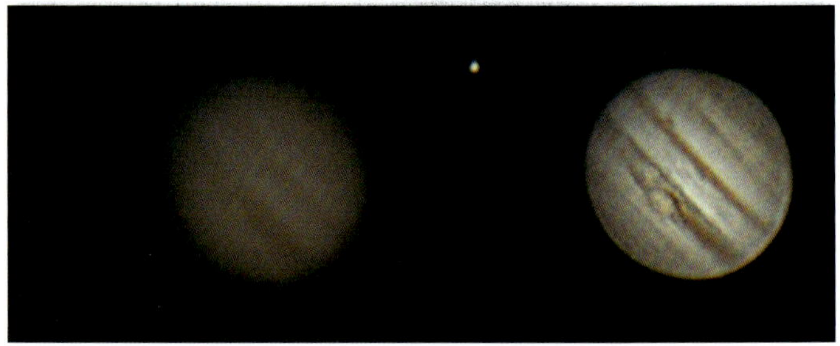

Jupiter während der Opposition 2012: Die Einzelaufnahme auf der linken Seite ist deutlich unschärfer und zeigt weniger Details als das Summenbild auf der rechten Seite. Aufnahmeinstrument: Schmidt-Cassegrain-Spiegelteleskop, 235mm Öffnung, 4700mm Brennweite mit 2-fach Barlowlinse.

Die Ausrüstung

Für den ersten eigenen »Videoclip« benötigen Sie folgende Ausrüstung:

- Webcam oder Planetenkamera mit Aufnahmesoftware
- Adapter zum Anschluss der Webcam an das Teleskop
- Laptop
- Software zur Addition der Einzelbilder

Empfehlenswert:

- Montierung mit motorischer Nachführung
- Barlowlinse zur Erhöhung der Brennweite

Kostenlose Software für Planetenfotos

Diese Programme ermöglichen die Addition der Einzelbilder:

- Giotto: www.giotto-software.de
- Registax: www.astronomie.be/registax/
- aviStack: www.avistack.de

Erforderliche Mindestbrennweiten

- Venus: etwa 2000mm – 4000mm
- Mars: etwa 4000mm
- Jupiter: etwa 2000mm
- Saturn: etwa 2000mm

können diese Summenbilder anschließend enorm geschärft werden, so dass sich eine dramatische Steigerung der Detailerkennbarkeit ergibt.

Die Technik

Die ersten Kameras, die für eine solche Technik genutzt wurden, waren einfache Webcams, die auch heute noch zum Einsatz kommen. Das eingebaute Objektiv wird dabei durch einen Adapter ersetzt, der über einen 1,25"-Steckanschluss verfügt. So können diese Webcams direkt an ein vorhandenes Teleskop angeschlossen werden. Heute werden für Planetenaufnahmen aber in der Regel spezielle Planetenkameras eingesetzt. Sowohl Webcams als auch Planetenkameras sind sehr lichtempfindlich als auch mit einem sehr kleinen Chip ausgestattet. Dieser kleine Chip hilft bei Planetenaufnahmen, dass das sehr kleine Planetenbild von möglichst vielen Pixeln erfasst wird.

Die Praxis

Für Planetenaufnahmen benötigt man, um ein ausreichend großes Abbild des Planeten auf dem Kamerachip zu erzeugen, eine große Brennweite. Diese sollte nicht unter 2000mm liegen, besser dagegen im Bereich 4000mm oder mehr. Aus diesem Grunde ist auch eine motorische Nachführung des Teleskops erforderlich. Ein eventuell vorhandenes 8" Schmidt-Cassegrain-Teleskop mit 2000mm Brennweite kann für erste Versuche deshalb unverändert benutzt werden. Ein Refraktor mit nur 1000mm Brennweite benötigt dagegen eine Barlowlinse zur Erhöhung der Brennweite. Zusätzlich ist zur Abspeicherung des erzeugten Videos noch ein Laptop oder ein PC erforderlich, auf dem dann auch die Nachbearbeitung erfolgen kann.

Links eine handelsübliche Webcam mit 1,25"-Adapter (Philips) und drei gängige Planetenkameras (DMK, ASI und ALCCD).

Objekte

40 Satelliten – künstliche Lichter am Himmel

Vor gerade einmal 60 Jahren wurde der erste künstliche Begleiter der Erde, der sowjetische *Satellit* »Sputnik«, in eine Erdumlaufbahn gebracht. Heute bevölkern Satelliten zu Tausenden den Himmel und sind für viele Bereiche im Einsatz: z.B. Fernsehübertragung, Wettervorhersage, Militär und Forschung.

3-bahnig

Satelliten können im Prinzip in beliebige Erdumlaufbahnen gebracht werden. Allerdings gibt es je nach Aufgabe des Satelliten bevorzugte Bahnen, die sich grob in drei Kategorien einteilen lassen: niedrige Umlaufbahnen mit einer Höhe von 200km bis ca. 1000km, sonnensynchrone *polare Umlaufbahnen* in rund 800km Höhe, die einen Satelliten über die Pole hinwegführen und die *geostationäre Umlaufbahn* in rund 36000km Höhe, bei der ein Satellit über einem bestimmten Punkt des Äquators stillzustehen scheint, da er die Erde genau so schnell umrundet, wie diese sich dreht. Darüber hinaus gibt es Bahnen in mittleren Höhen, stark elliptische Bahnen sowie Transferorbits vor dem Erreichen der endgültigen Bahn.

Kreuz und quer

Aufgrund ihrer hohen Umlaufbahnen sind geostationäre Satelliten in der Regel zu lichtschwach, als dass sie mit dem bloßen Auge gesehen werden könnten. Polare Satelliten erscheinen wie lichtschwache Sterne, die in Nord-Süd-Richtung über den Himmel ziehen. Satelliten mit weniger geneigten Bahnen, also Bahnen, die mehr parallel zum Äquator verlaufen, bewegen sich aus westlicher Richtung kommend in wenigen Minuten über den gesamten Himmel nach Osten. Sie befinden sich quasi auf der Überholspur und umrunden die Erde schneller als sie rotiert.

Tipp: Die Vorhersage von Iridium-Flares, Überflügen der ISS und weiteren hellen Satelliten für Ihren Standort finden Sie bei:
- www.heavens-above.com
- www.calsky.com

Der beste Zeitpunkt

In einem Zeitfenster von einigen Stunden nach Sonnenuntergang und vor Sonnenaufgang haben Sie die beste Möglichkeit, Satelliten zu erspähen. Die günstigsten Monate sind dafür Mai, Juni und Juli. Jetzt sinkt die Sonne nur wenig unter den Horizont und kann hoch »fliegende« Objekte beleuchten. Diesen Effekt kennen Sie vielleicht aus den Bergen, wenn die Bergspitzen sich noch im Sonnenschein befinden, aber die Sonne längst untergegangen ist. Halten Sie schon in der Dämmerung Ausschau nach sich geradlinig bewegenden Lichtern. Erscheint ein Lichtpunkt nicht doppelt, weder farbig, noch blinkt er und kommt dazu aus westlichen Richtungen, ist die Chance groß einen Satelliten vor sich zu haben. Mit einem Fernglas können Sie schnell ein hoch fliegendes Flugzeug von einem Satelliten unterscheiden. Besonders auffallend sind große Satelliten in Höhen von nur einigen 100km Höhe, die als helle Lichtpunkte über den Himmel »rasen«; der prominenteste von ihnen ist die *Internationale Raumstation ISS*.

Auf ihrem Weg über Deutschland zeichnet die Internationale Raumstation ISS einen hellen Lichtstreifen auf der Fotografie.

Ein etwa -6^{m} heller Iridiumflare erhellt den Sommerhimmel. Die Aufnahme entstand mit einer Digitalkamera auf Stativ, bei einer Belichtungszeit von 20 Sekunden.

Menschen am Himmel

Besonders spannend ist eine Sichtung der ISS, die auch den deutschsprachigen Raum regelmäßig überquert. Die Raumstation kann während ihres einige Minuten dauernden Überflugs aufgrund ihrer Größe und niedrigen Umlaufbahn von 350km heller werden als Saturn und Jupiter. Die Vorstellung, dass sich in diesem winzigen Lichtpunkt Menschen befinden, ist immer wieder packend. Im Teleskop sind bereits bei kleinen Vergrößerungen Strukturen wie Sonnensegel sichtbar.

Himmlische Blitze

Reizvoll ist auch die Beobachtung von sog. *Iridium-Flares*. Hier spiegelt sich die Sonne in den Antennen gewisser Kommunikationssatelliten und verursacht einen mehrere Sekunden sichtbaren hellen Lichtpunkt am Himmel, dessen Helligkeit Venus um ein vielfaches übertreffen kann. Dazu müssen Sie Ihren Blick auf das richtige Himmelsareal zu einer genau bestimmten Zeit richten, damit Sie das flüchtige Ereignis nicht verpassen.

Objekte

41 Sightseeing auf dem Mond

Der Mond ist ein beliebtes Objekt für die erste Beobachtung. Viele spannende Formationen sind schon mit einem kleinen Teleskop von 60mm Öffnung oder einem Fernglas sichtbar. Darüber hinaus ist er der einzige Himmelskörper, auf dem wir direkt außerirdische Landschaften erkennen können.

Meere (lat. Mare)

Die *Meere* sind als ausgedehnte dunkle Regionen erkennbar, die etwa ein Drittel der erdzugewandten Seite des Mondes bedecken. Diese großen Ebenen sind ehemalige Einschlagbecken gewaltiger Meteoriteneinschläge, die nach und nach mit Magma aus dem Mondinneren überflutet wurden. Das zu dunkler Basaltlava erstarrte Magma verursacht die heute sichtbare Färbung.

Wallebenen, Ringgebirge und Krater

Die für den Mond typischen und am häufigsten vorkommenden Formationen sind durch Meteoriteneinschläge entstandene *Krater*. Man unterscheidet Wallebenen, Ringgebirge und Krater, die sich im Wesentlichen durch ihre Größen unterscheiden, die Übergänge sind jedoch fließend. Die Wallebenen erreichen Durchmesser von 300km, Ringgebirge haben Durchmesser von 20km – 100km und typische Krater Durchmesser bis 60km. Die kleinsten im Amateurteleskop sichtbaren Krater sind nur wenige Kilometer groß.

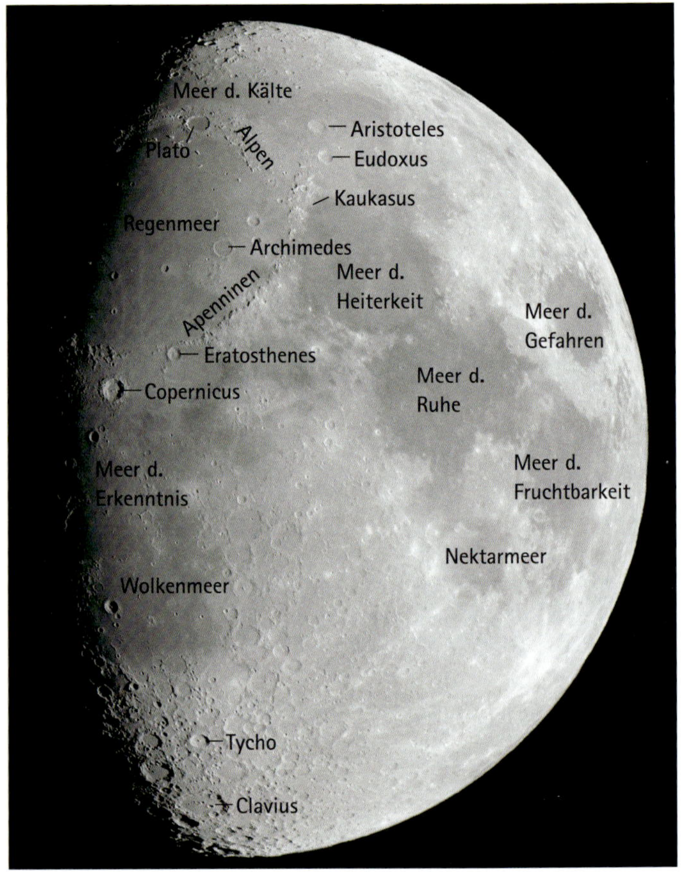

Der zunehmende Mond kurz nach dem Ersten Viertel. An der Licht- und Schattengrenze – dem Terminator – erscheinen die Details besonders plastisch.

Zeichnungen von vier interessanten Beobachtungszielen auf dem Mond, gesehen durch ein Linsenteleskop mit 127mm Öffnung, Vergrößerung 150-fach: a) Gassendi, b) Schrötertal, c) Cassini, d) der sog. »Goldene Henkel«.

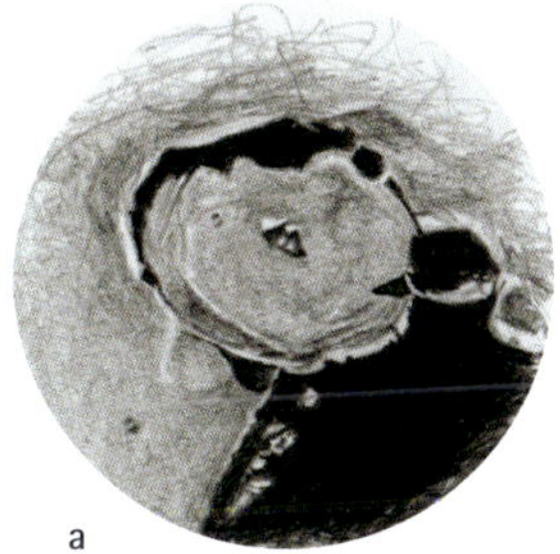

a

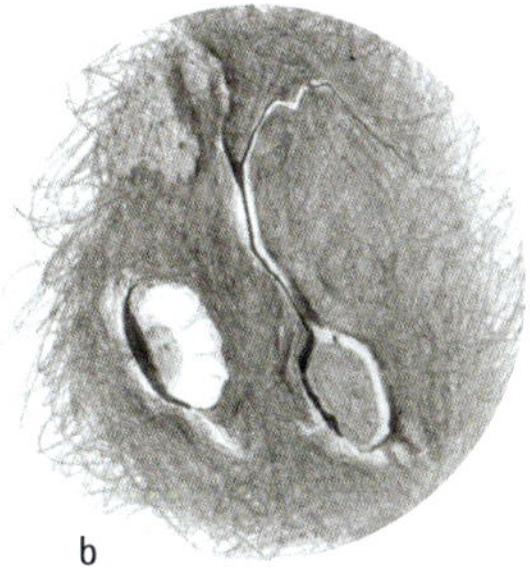

b

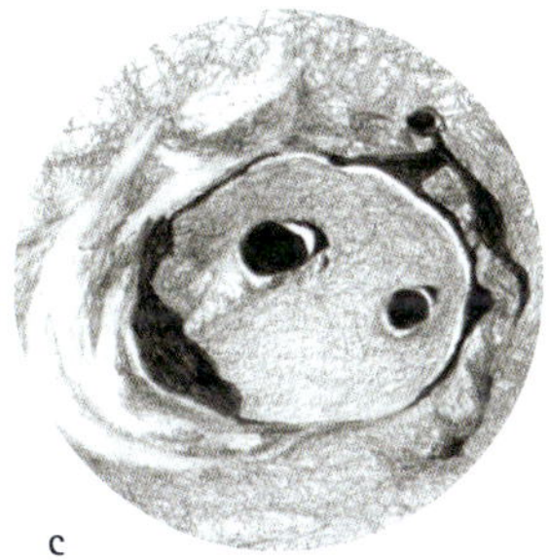

c

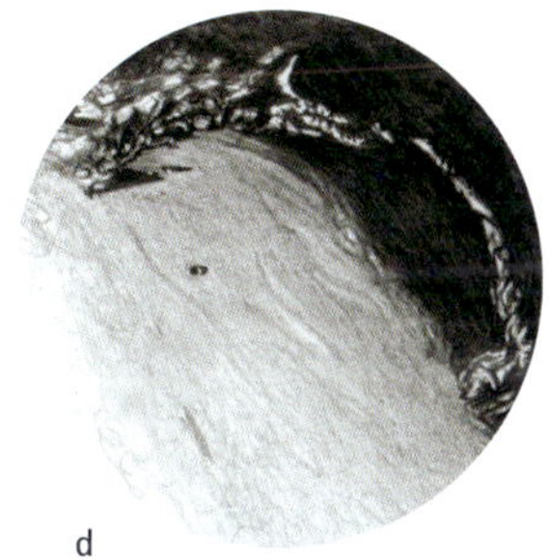

d

Gebirge (lat. Montes)

Die großen Einschläge, die zur Bildung der Meere führten, warfen mächtige Kraterwälle von mehreren tausend Metern Höhe auf. Die heute sichtbaren Gebirge sind Überreste dieser Wälle, die teilweise mit Lava überflutet oder durch nachfolgende Einschläge zerstört wurden.

Berge (lat. Mons)

Die vereinzelt stehenden Berge sind nur in den Meeren zu finden. Diese Formationen sind wie die großen Gebirgsketten ebenfalls Überreste von Kraterwällen, bei denen allerdings nur noch die höchsten Gipfel aus den mit Lava überfluteten Ebenen ragen.

Täler (lat. Vallis), Rillen (lat. Rima) und Furchen (lat. Rupes)

Bei den Tälern und Rillen unterscheidet man verschiedene Formen, deren Entstehung nicht immer verstanden ist. Im allgemeinen läßt sich sagen, dass sie meist nicht vulkanischen Ursprungs sind. Die häufigste Ursache dürften Gräben und Grabenbrüche sowie Verwerfungen sein, z.B. ist das Alpental wahrscheinlich ein Graben und Rupes Recta (Aufrechte Wand) eine Verwerfung. Ebenfalls kann es sich wie bei Rupes Altai (Altaiverwerfung) um Ränder von Einschlagbecken oder wie beim Rheita-Tal um Kraterketten handeln. Darüber hinaus ist in einigen Rillen Lava geflossen oder sie sind durch Lavafluss entstanden, wie z.B. das Schrötertal oder die Hadleyrille, nahe der Apollo 15 landete.

Tipp: Am PC können Sie den Mond auch virtuell erkunden:

- https://virtual-moon-atlas.softonic.de

Tipp: Beginnen Sie Ihre Mondbeobachtungen mit einer niedrigen Vergrößerung von etwa 50-fach und verschaffen Sie sich einen Überblick. Für Detailbeobachtungen reicht schon eine Vergrößerung von etwa 100-fach. Besitzt Ihr Teleskop keine motorisierte Nachführung, versuchen Sie nicht das Objekt bei hohen Vergrößerungen ständig mittig im Gesichtsfeld zu halten. Lassen Sie es besser durch das Gesichtsfeld driften und konzentrieren sich dabei auf Details.

Objekte

42 Die Sonne beobachten

Die Sonne ist ein besonderer Stern. Er ist der einzige, auf dem wir mit Teleskopen Details der Oberfläche erkennen können. Darüber hinaus verändert sich die Sonne im Gegensatz zu den meisten anderen Himmelsobjekten täglich. Der Anblick ist nie gleich und praktisch nicht vorhersagbar. Allein deshalb lohnt sich ein Blick auf unser Tagesgestirn immer.

Safety first!

Bei der Sonnenbeobachtung gilt als erste Regel: Blicken Sie nie durch ein Teleskop, das nicht mit geeigneten Sonnenfiltern aus Folie oder Glas vor dem Objektiv ausgerüstet ist; auch ein spezielles Prisma, das *Herschelprisma*, durch das der größte Teil des Sonnenlichtes aus dem Teleskop herausgelenkt wird, ist sicher. Eine Beobachtung ohne diese schützenden Maßnahmen hätte unmittelbare ernste Schäden Ihrer Augen oder sogar eine Erblindung zur Folge! Denken Sie auch daran, den Sucher abzudecken oder ebenfalls mit einem entsprechenden Filter auszustatten! Sonnenfilter, die vor das Okular geschraubt werden können, sind nicht sicher und auf keinen Fall geeignet. Ein Teleskop, das für die Sonnenbeobachtung aufgestellt wurde, sollte niemals ohne Ihre Aufsicht bleiben, besonders wenn Kinder mit dabei sind.

Flecken erwünscht

Bei einem Blick durch ein Teleskop mit einem Filter, der das weiße Licht der Sonne abdämpft, wie z.B. eine Sonnenfilterfolie, fällt schon bei kleinsten Vergrößerungen auf, dass die Sonne mal mehr, mal weniger und manchmal auch gar nicht mit Flecken bedeckt ist. Diese *Sonnenflecken* erscheinen in unterschiedlichen Größen und Formen, mal in Gruppen, mal einzeln.

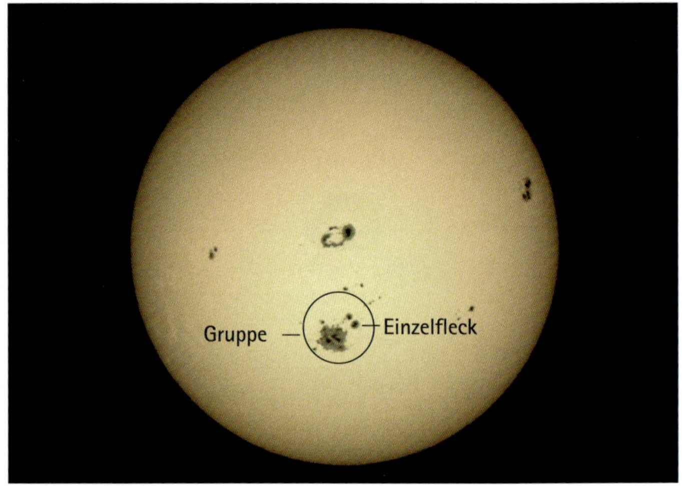

Die Sonnenaufnahme ist vergleichbar mit dem Anblick durch ein Teleskop von 60mm–80mm Öffnung bei etwa 50-facher Vergrößerung. Bei den großen Flecken sieht man schon sehr schön die Unterteilung in Umbra und Penumbra.

Vielen Dank

Selbst in einem Teleskop mit einer kleinen Öffnung von 60mm–80mm sind die Sonnenflecken dankbare Beobachtungsziele. Die größeren Exemplare zeigen einen dunklen Kern, die Umbra und einen helleren Hof, die Penumbra. Beide Bereiche sind sehr schnell veränderlich. Bei höherer Vergrößerung ab etwa 100-fach und mit größerer Öffnung werden auch Strukturen der Penumbra und helle Lichtbögen, die in die dunkle Umbra hineinragen, sichtbar. Die Rotation der Sonne ist anhand der Flecken leicht zu verfolgen: Über einen Zeitraum von etwa 14 Tagen wandern die Flecken aufgrund der Sonnenrotation langsam über die Sonnenscheibe aus unserem Blickfeld und erscheinen manchmal zwei Wochen später wieder am gegenüberliegenden Sonnenrand.

Erste Schritte

Mit der Dokumentation dieser Fleckenbewegung könnten Sie Ihre ersten Gehversuche im Zeichnen wagen. Verwenden Sie eine kleine Vergrößerung, so dass die Sonne komplett im Gesichtsfeld zu sehen ist und übertragen Sie die Position der einzelnen Sonnenflecken mit einem Bleistift auf ein Blatt Papier, auf welches Sie vorher z.B. mit einem Zirkel oder einer CD einen Kreis als Vorlage gezogen haben. Achten Sie beim ersten Mal nicht zu sehr auf Einzelheiten, sondern versuchen Sie hauptsächlich, die Positionen und Größen der Sonnenflecken korrekt zu erfassen. Wenn das Wetter mitspielt und Sie mehrere Tage hintereinander eine Zeichnung anfertigen konnten, entsteht schnell ein kleiner »Film« dieser Wanderschaft.

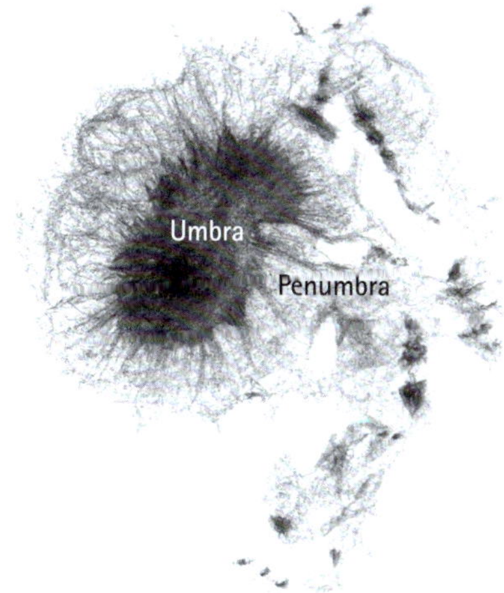

Zeichnung eines Sonnenflecks mit einem 20cm Schmidt-Cassegrain und Sonnenfilterfolie.
Die dunkle Umbra unterscheidet sich deutlich von der heller erscheinenden Penumbra.

Systematische Sonnenbeobachtung
Ein Projekt für einen etwas längeren Zeitraum ist das Zählen von Sonnenflecken. Ein Maß für die Anzahl der sichtbaren Flecken ist die *Relativzahl*. Hierbei werden die Anzahl der Fleckengruppen und die Anzahl der Flecken innerhalb einer Gruppe gezählt.
Relativzahl = 10 · Anzahl der Gruppen + Anzahl der Einzelflecken in allen Gruppen
Beispiel: 5 Gruppen mit 48 Einzelflecken:
Relativzahl = 10 · 5 + 48 = 98

Nach einiger Zeit der Aufzeichnung wird eine Tendenz der Aktivität erkennbar.

Rotlichtbereich

Die Beobachtung der Chromosphäre mit einem H-alpha-Filter ist besonders spannend, denn im roten Licht der H-alpha-Linie geht´s richtig rund. Die Chromosphäre besteht aus einer dünnen, aber äußerst turbulenten Schicht heißen Gases. Dort werden das Spiel der Protuberanzen und Filamente und die Eruptionen der Flares sichtbar; in Zeiten hoher Sonnenaktivität gibt es jeden Tag Neues zu sehen. Besonders die Protuberanzen sind begehrte Beobachtungsobjekte: majestätische Bögen, Säulen und gewaltige Fächer in allen Formen und Größen, mit vielen unterschiedlichen Strukturen und Details, können sich zeigen.

43 Venus: Morgen- und Abendstern

Die Venus gehört zu den auffälligsten Himmelsobjekten. Am frühen Abend oder Morgen, wenn noch keine Sterne sichtbar oder schon längst verblasst sind, leuchtet sie in einer Helligkeit, die von keinem anderen Planeten oder Stern erreicht wird. Sie kann sogar am Tag mit dem bloßen Auge gesehen werden. Während Mars der äußere Nachbarplanet unserer Erde ist, befindet sich die Venus als nächster Nachbarplanet innerhalb der Erdbahn. Mit 12.103km Durchmesser ist sie nur wenig kleiner als die Erde.

Heißblütige Göttin

Vielleicht war der außergewöhnliche Glanz des Planeten Grund für seine Benennung nach der römischen Göttin der Liebe und Schönheit. Die besondere Helligkeit verdankt Venus einer sehr dichten Wolkenhülle, die einen großen Teil des auftreffenden Sonnenlichtes wieder in den Weltraum reflektiert. Diese Wolkendecke verhindert leider auch einen direkten Blick auf die feste Oberfläche. Erst in den 1970er Jahren landeten die ersten russischen Sonden erfolgreich auf Venus und vermittelten ein genaueres Bild des Planeten – und das zeigt eine sehr heißblütige Göttin.

Kosmischer Dampfkessel

Die Atmosphäre der Venus offenbarte sich mehr als Hölle denn als Himmel: Ein starker *Treibhauseffekt* erhitzt die aus 96,5 Prozent Kohlendioxid bestehende Atmosphäre auf bis zu 493°C, Wolken und Dunst aus vorwiegend ätzenden Schwefelsäuretropfen umgeben den Planeten und der atmosphärische Druck übersteigt den der Erde um das 90-fache – Bedingungen, die wohl höher entwickeltes Leben unmöglich machen. Damit treffen auch bei der Venus frühere Vorstellungen als Schwestererde mit »blühender Vegetation« wie beim Mars nicht zu.

Die Sonne im Schlepptau

Anders als die Planeten jenseits der Erdbahn können die beiden Planeten innerhalb der Erdbahn, Merkur und Venus, nie der Sonne am Himmel gegenüber stehen, sondern sich nur einen bestimmten Winkel von ihr entfernen. Dieser scheinbare Abstand wird als *Elongation* bezeichnet. Im Falle der Venus kann diese Entfernung bis zu 48° betragen, sie erreicht dann die Größte Elongation (GE). Das bedeutet auch, dass wir die Venus niemals die ganze Nacht beobachten können. Entweder sehen wir sie einige Zeit nach Sonnenuntergang am westlichen Abendhimmel oder einige Zeit vor Sonnenaufgang am östlichen Morgenhimmel, je nachdem ob sich der Planet östlich oder westlich unseres Zentralgestirns befindet. Die *Untere Konjunktion* (UK) bezeichnet die Stellung, wenn Venus zwischen Sonne und Erde steht,

Die Phasengestalten der Venus, wie sie durch ein kleines Teleskop sichtbar werden.

während sie bei der *Oberen Konjunktion* (OK) hinter der Sonne steht. In der Regel ist der Planet während den Konjunktionen nicht zu beobachten.

Im Wechsel der Phasen

Da die Venus innerhalb der Erdbahn die Sonne umkreist, zeigt sie wie der Erdmond verschiedene Phasengestalten. Einige Wochen nach der Oberen Konjunktion wird die Venus als fast volles Scheibchen sichtbar. Während sich der Abstand zur Sonne vergrößert, nehmen der Anteil der beleuchteten Oberfläche ab und gleichzeitig der scheinbare Durchmesser zu. Zur maximalen Östlichen Elongation sehen Sie am Abendhimmel eine »Halbvenus«, die weiter zu einer schmalen Sichel schrumpft und dann während der Unteren Konjunktion als »Neuvenus« nicht mehr sichtbar ist. Danach wiederholt sich der Vorgang am Morgenhimmel in umgekehrter Reihenfolge: Die Venus erscheint als große zunehmende Sichel, bei der größten westlichen Elongation wieder als »Halbvenus« und verschwindet als »Vollvenus« zum Zeitpunkt der Oberen Konjunktion hinter der Sonne. Für einen kompletten Umlauf um die Sonne benötigt die Venus 225 Tage.

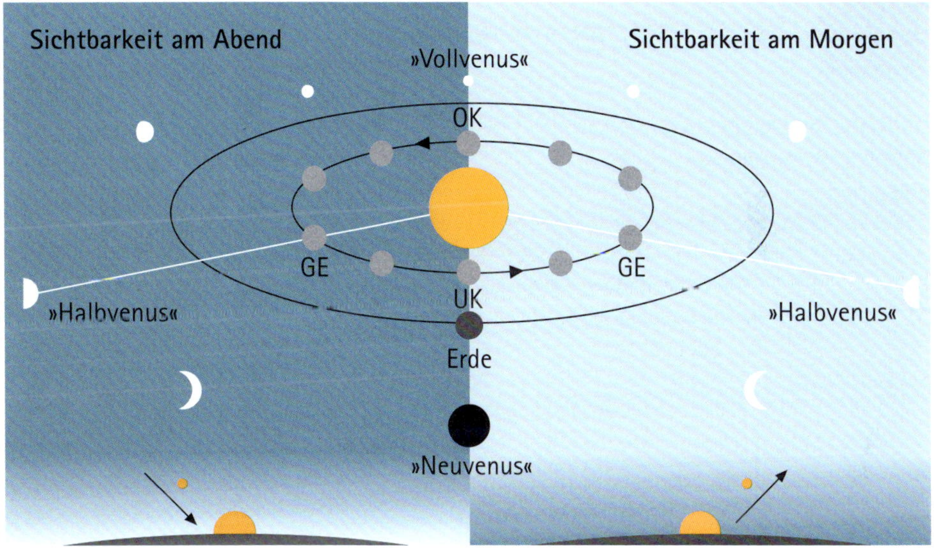

Die Stellung der Venus und ihre Beobachtungsmöglichkeiten von der Erde aus.

Tipp: Die Veränderung der Phasengestalt können Sie schon durch ein kleines Teleskop sehen. Beobachten Sie dazu die Venus nach ihrem Erscheinen am Abend- oder Morgenhimmel in jeweils einigen Tagen Abstand. Hilfreich ist ein neutraler Graufilter, der die Helligkeit der Venus dämpft und die Phasen besser sichtbar macht. Eine besondere Herausforderung ist die Sichtung der Venus während des Tages. Einen guten Einstieg dafür bietet die Sichtbarkeit am Morgen. Beobachten Sie die Venus während der zunehmenden Helligkeit und versuchen Sie diese so lange wie möglich im Blick zu halten. Markante Punkte wie Bäume, Hausdächer oder Strommasten helfen dabei. So haben Sie eine gute Chance den kleinen hellen Lichtpunkt noch zu sehen, auch wenn die Sonne schon längst über dem Horizont steht!

Objekte

44 Mars: Wüste in Rot

Die leuchtend orangerote Erscheinung des *Planeten* Mars am Nachthimmel erregt auch heute noch die Aufmerksamkeit der Menschen. Viele alte Kulturen setzten seine Erscheinung mit Krieg und Zerstörung gleich. Die Griechen übernahmen den Planetenglauben von den Babyloniern und aus dem Kriegsgott Nergal wurde Ares, der Feuer und Eisen beherrscht. Die Römer nannten den Planeten schließlich nach ihrem Kriegsgott Mars.

Rot, fest, klein

Mars gehört zu den *terrestrischen Planeten* und hat somit im Wesentlichen einen erdähnlichen Aufbau mit einem Kern, einem Mantel und einer festen Kruste. Die typische rote Farbe stammt von Eisenoxidstaub, also Rost, in der Atmosphäre und auf der Oberfläche. Mars ist nur etwa halb so groß wie die Erde und sein Tag dauert mit 24 Stunden und 37 Minuten fast genau so lange wie ein Erdtag, die Sonne umkreist er in 687 Tagen. Durch ein Teleskop konnte man schon früh helle und dunkle Strukturen auf der Oberfläche erkennen. Diese geben nur die Färbung des Bodens wieder, aber keine Oberflächendetails wie Berge oder Täler. Durch die im Jahre 1877 von dem italienischen Astronomen Giovanni Schiaparelli entdeckten »Marskanäle«, die jedoch nichts weiter als optische Täuschungen sind, geriet der Planet ins Visier als Kandidat für außerirdisches Leben.

Ein Teleskop mit 60mm Öffnung zeigt Mars als kleines rötliches Scheibchen und bei günstigen Bedingungen die Polkappen als winzige helle Flecken.

Wasser und Staub

Die auf dem Mars gelandeten Raumsonden Viking (1975), Pathfinder (1997), Opportunity (2004), Spirit (2004), Phoenix (2008) und Curiosity (2012) zeigen jedoch einen trockenen staubigen Wüstenplaneten mit einem Luftdruck von nur 1% des irdischen und einer Temperatur von −133°C bis +27°C. Jedoch befinden sich besonders in den Polregionen dicht unter der Oberfläche vermutlich größere Mengen gefrorenen Wassers. Weitere Untersuchungen lassen den Schluss zu, dass Mars in seiner Frühzeit eine dichte Atmosphäre und Wasser in flüssiger Form besessen haben muss und sich durchaus Leben in Form von Mikroorganismen wie z.B. Bakterien entwickelt haben könnte. Diese Frage ist bis heute nicht eindeutig geklärt und bleibt spannend.

Mal nah, mal fern

Die Planeten umkreisen die Sonne auf elliptischen Bahnen. Als *Opposition* wird die Ausrichtung bezeichnet, bei der Sonne, Erde und ein Planet außerhalb der Erdbahn auf einer Linie stehen. Der Planet befindet sich zu diesem Zeitpunkt von der Erde aus betrachtet gegenüber der Sonne. Bei einer Oppositionsstellung ist der entsprechende Planet die ganze Nacht sichtbar. Dann ist die beste Zeit zur Beobachtung des Mars und der anderen *äußeren Planeten* Jupiter, Saturn, Uranus und Neptun. Mars erreicht diese Stellung alle 2,1 Jahre. Aufgrund seiner stark elliptischen Umlaufbahn kann die entsprechende Entfernung zur Erde allerdings zwischen 55,6 Millionen und 101 Millionen Kilometer schwanken. Bei einer *Konjunktion* stehen Sonne und ein weiterer Himmelskörper von der Erde aus gesehen in einer Linie, so dass sie am Himmel dicht zusammen stehen. Zu diesem Zeitpunkt ist der entsprechende Planet nicht sichtbar.

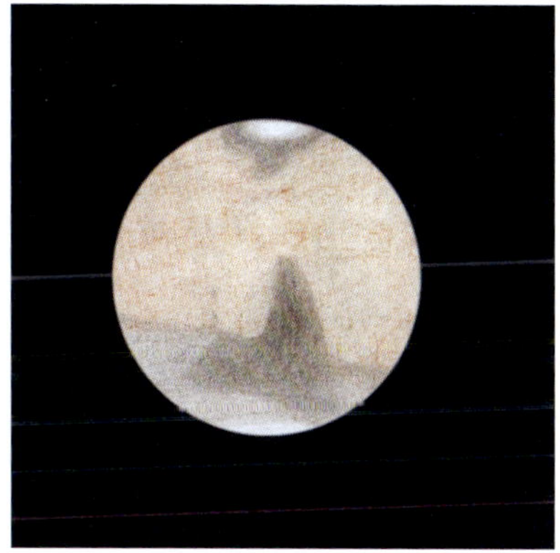

Mars, wie er bei optimalen Bedingungen in einem Refraktor mit 100mm Öffnung sichtbar werden kann. Die Kontraste der Albedostrukturen sind verstärkt gezeichnet und in Realität deutlich schwächer.

Übung macht den Meister

Auch für den geübten Beobachter stellt Mars eine Herausforderung dar. Das Planetenscheibchen erscheint im Teleskop nur 3,5" bis etwa 25" groß – im Vergleich bringt es der Mond dagegen auf stattliche 1800". Die erkennbaren Strukturen auf der Oberfläche sind deshalb nur sehr klein. Hauptsächlich sind ausgedehnte dunkle oder helle Gebiete, sog. *Albedostrukturen* sichtbar, die sich mehr oder weniger stark von den rötlichen Gebieten abheben. Dazu benötigen Sie jedoch unbedingt gutes Seeing und Vergrößerungen von etwa 120-fach. Damit erreichen Sie die Leistungsgrenze eines kleinen Teleskops mit 60mm Öffnung. Im größeren Teleskop bei Vergrößerungen von 200-fach werden diese Details leichter erkennbar.

Tipp: Spannend ist die regelmäßige Beobachtung der Polkappen, die sich als heller weißlicher Fleck abheben. Mit dem Beginn des Marsfrühlings auf der entsprechenden Hemisphäre schmilzt die Polkappe langsam ab und wird immer kleiner, bis sie schließlich verschwindet. Auf der anderen Hemisphäre kann man hingegen das Anwachsen der Polkappe mit einsetzendem Herbst und Winter beobachten. Eine gut erkennbare Albedostruktur ist die »Große Syrte«, die sich im Teleskop als dunkle dreieckige Fläche gegen die rötliche Oberfläche zeigt.

45 Jupiter: der Riese unseres Sonnensystems

Jupiter ist ein wirklich beeindruckender *Planet* unseres *Sonnensystems* und gehört zur Familie der *Gasriesen*, wie auch Saturn, Uranus und Neptun. Diese Planeten besitzen keine feste Oberfläche, sondern eine tief reichende gasförmige Atmosphäre und einen kleinen festen Kern. Sein Namensgeber, der römische Gott Jupiter, könnte nicht besser gewählt sein. Mit 142.984km Durchmesser ist Jupiter nach der Sonne das größte Mitglied unseres Sonnensystems mit einer Umlaufzeit von 11,8 Jahren. Dabei beträgt seine Rotationszeit am Äquator nur etwa 9h 50min. Das ist so schnell, dass der Planet aufgrund der Fliehkräfte sogar deutlich abgeplattet erscheint. Die viel kleinere Erde würde bei vergleichbarer Geschwindigkeit weniger als eine Stunde für ihre Rotation benötigen! Diese gewaltigen Kräfte bewirken ein äußerst turbulentes Wolkengeschehen in der Atmosphäre Jupiters mit Wirbelstürmen und Windgeschwindigkeiten über 500km/h. Außerdem ist Jupiter fast ein kleines »Sonnensystem« in sich, da er von über 80 Monden umkreist wird.

Im Teleskop mit 60mm Öffnung sind die vier Galileischen Monde und zwei Wolkenbänder sichtbar.

Beobachtungsspaß pur

Schon im kleinen Teleskop zeigt Jupiter einige Details und bietet Beobachtungsspaß für viele Stunden. Bei geringer Vergrößerung sehen Sie nahe des Planeten meistens zwei bis vier kleine Punkte, die oft wie auf einer Linie aufgereiht scheinen: die hellsten *Monde* Jupiters – Io, Europa, Ganymed und Kallisto. Gemeinsam umkreisen sie auf verschiedenen Umlaufbahnen den Göttervater. Nach ihrem Entdecker Galileo Galilei werden Sie auch *Galileische Monde* genannt. Da wir von der Seite auf die Bahnebenen der Monde schauen, können die Trabanten zeitweise auch vor oder hinter der Jupiterscheibe verschwinden. So sind meistens vier der Begleiter Jupiters, manchmal aber auch nur zwei oder drei gleichzeitig sichtbar. Über einige Stunden hinweg ist diese Bewegung zu erkennen.

Hell und Dunkel im Wechsel

Auf der Planetenscheibe selbst werden bei kleiner Vergrößerung die ersten Strukturen in Form von zwei dunklen, rotbräunlich und parallel verlaufenden Wolkenbändern sichtbar. Diese Bänder sind Teile der mächtigen Atmosphäre, deren oberste Schicht wir als Wolken sehen können. Sie werden nach ihrer Lage auf Jupiter Nördliches und Südliches Äquatorialband (NEB und SEB) genannt. Die hellen Wolkenschichten dazwischen heißen Zonen. Mit höheren Vergrößerungen ab etwa 120-fach sind bei sehr ruhiger Luft auch Details in den Zonen in Form von dunklen Flecken und Streifen sichtbar. Die Bänder zeigen dagegen helle Bereiche. Dazu benötigen Sie jedoch Beobachtungserfahrung und Geduld, da diese Strukturen aufgrund ihres geringen Kontrastes und ihrer geringen Größe oft nur schwer erkennbar sind.

Wirbelsturm in Rot

Das mit der größten Spannung erwartete Beobachtungsziel dürfte wohl der *Große Rote Fleck*, auch GRF genannt sein: ein gigantischer Wirbelsturm in der Atmosphäre des Planeten, der schon vor etwa 150 Jahren gesichtet wurde. Im Teleskop ab 100mm Öffnung zeigt er sich

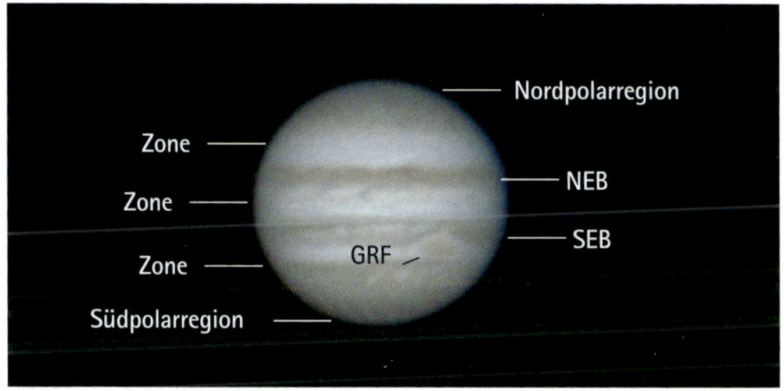

Bei optimalen Bedingungen können Sie mit einem optisch sehr guten Teleskop zahlreiche Details auf der Wolkenoberfläche Jupiters sehen. Die Aufnahme zeigt den Planeten, wie er in einem Refraktor mit 100mm Öffnung sichtbar werden kann. Gut erkennbar ist der Große Rote Fleck (GRF) mit einer helleren Umrandung, der Bucht, halb eingebettet im SEB. An diesem Wirbelsturm können Sie auch leicht die Rotation Jupiters nachvollziehen, denn innerhalb von nur einer Stunde verändert der GRF mit der Umdrehung des Planeten deutlich seine Position.

meist als blasser ovaler Fleck – selten wirklich farbig – am Rande des Südäquatorialen Bandes. Oft ist der GRF jedoch nur indirekt sichtbar. Dann erkennen Sie seine Lage an einer Art Bucht im SEB. Diese Bucht erscheint als Trennlinie zwischen dem GRF und dem SEB und zeigt einen stärkeren Kontrast als der Wirbelsturm selbst. Somit werden Sie meist mehrere Anläufe für eine erfolgreiche Sichtung des GRF benötigen. Dafür ist die Freude einer ersten gelungen Beobachtung umso größer!

Tipp: Ein besonderer Leckerbissen sind Schattendurchgänge der Monde Jupiters. Regelmäßig ziehen einige Monde vor der Jupiterscheibe vorbei, bei denen der Schatten des Trabanten auf der Wolkendecke sichtbar wird. Durch ein kleines Teleskop sind diese Schatten als tiefschwarze, winzige Punkte auf der Wolkenschicht erkennbar. Verwenden Sie am besten eine Vergrößerung von 80-fach bis 100-fach, da Sie für die Sichtung der Schatten keine sehr hohe Vergrößerung benötigen. So bleibt das Bild im Okular scharf und kontrastreich. In einem astronomischen *Jahrbuch* können Sie die Termine für diese Ereignisse leicht nachschlagen.

Objekte

46 Saturn: Herr der Ringe

Der zu den *Gasriesen* gehörige Saturn ist mit 120.536km Durchmesser nicht viel kleiner als Jupiter und rangiert somit an zweiter Stelle unter den Planeten im *Sonnensystem*. In einer Entfernung von durchschnittlich 1,4 Milliarden Kilometern benötigt Saturn etwa 29,5 Jahre für einen Sonnenumlauf. Ähnlich wie Jupiter rotiert Saturn am Äquator mit etwa 10h 28min sehr schnell um seine Achse. Seine Berühmtheit verdankt Saturn allerdings seinem Ringsystem, das so bei keinem anderen Planeten sichtbar ist. Dabei sind Ringe in unserem Sonnensystem durchaus keine Seltenheit. Jupiter, Uranus und Neptun besitzen ebenfalls Ringe, die aber zu schwach erscheinen, um in Amateurteleskopen gesehen werden zu können.

Ringe ohne Ende

In der Äquatorebene ist Saturn von einem System aus über 100.000 einzelnen, voneinander getrennten Ringen umgeben. Der innerste Ring beginnt schon etwa 7000km über der Wolkendecke Saturns und hat eine Größe von 134.000km, der äußerste besitzt den gigantischen Durchmesser von 960.000km. Das ist mehr als das Doppelte der Entfernung Erde-Mond! Das fantastische Gebilde besteht aus Milliarden einzelner Gesteins- und Eisbrocken, von der Größe eines Staubkorns bis hin zur Größe eines Hauses. Im Vergleich zum Durchmesser ist die Dicke der Ringe in der Regel winzig: weniger als 1 km, allerdings finden sich auch Regionen in denen sich das Material mehrere Kilometer hoch auftürmt. Eine große Lücke im Ringsystem bildet die *Cassini-Teilung* mit einer Breite von 4700km. Aktuelle Forschungsergebnisse zeigen ein noch viel gewaltigeres Gebilde: Einen visuell nicht sichtbaren Torus aus feinen Staubpartikeln, der Saturn in einer Entfernung bis zu etwa 25 Millionen km umgibt.

Die Veränderung der Ringstellung Saturns in den nächsten Jahren, wie wir diese von der Erde aus verfolgen können.

Das ABC der Ringe

Das Ringsystem Saturns wird in sieben Hauptringe unterteilt. Ausgehend vom Planeten werden diese als D-, C-, B-, A-, F-, G- und E-Ring in der Reihenfolge ihrer Entdeckung bezeichnet. Im Teleskop sind davon allerdings nur die Ringe A bis C sichtbar, die insgesamt einen Durchmesser von 270.000km erreichen. Ein kleines Teleskop mit 60mm Öffnung zeigt den Ring zweigeteilt: ein dunkler äußerer Bereich, der A-Ring und ein innerer heller Bereich, der B-Ring. Mit 80mm Öffnung wird es möglich, auch die Cassini-Teilung als dunkle, wie mit dem Zirkel gezogene hauchdünne Linie zu erkennen. In Nächten mit gutem Seeing ist der Anblick unvergleichlich und fast unwirklich, besonders wenn der Schatten Saturns auf der Ringebene erkennbar wird, der die Szenerie plastisch erscheinen lässt. Der schwach schimmernde innere C-Ring ist allerdings nur in einem größeren Teleskop sichtbar.

Drunter und drüber

Durch die Neigung der Saturnachse um knapp 27° gegen die *Ekliptik* sehen wir die Ringe im Laufe des 29,5 Jahre dauernden Saturnjahres unter einem ständig veränderten Winkel: Mal schauen wir »von oben« auf das Ringsystem, mal genau »von der Seite«, so dass die Ringe praktisch nicht sichtbar sind, und mal »von unten«. 2017

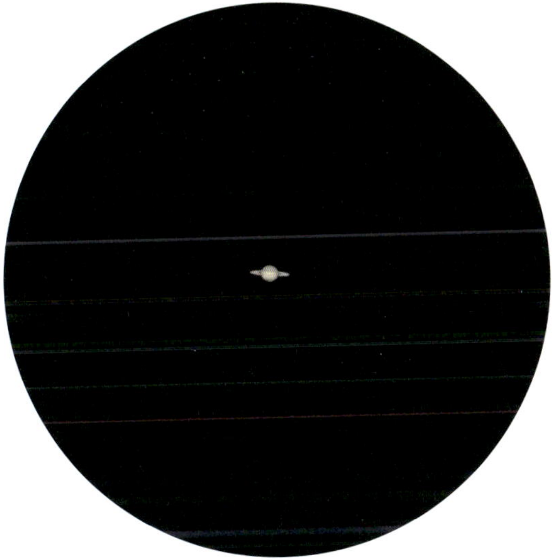

Real erscheint Saturn im Teleskop nur relativ klein, hier am Beispiel eines Teleskops mit 60mm Öffnung und 50-facher Vergrößerung.

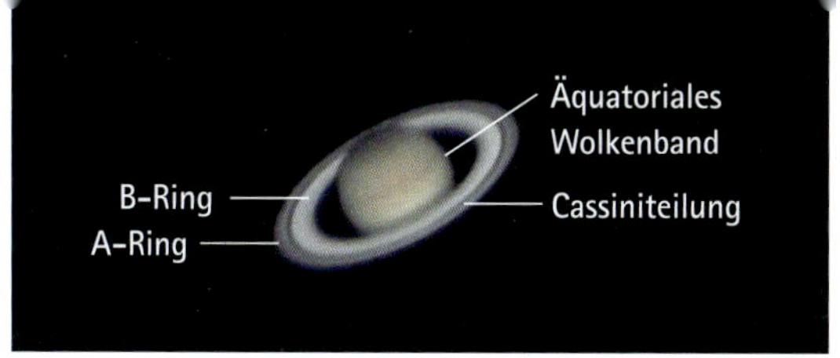

Ein Teleskop mit 100mm Öffnung zeigt deutlich den A-Ring und den helleren B-Ring. Beide sind durch die dunkle Cassini-Teilung voneinander getrennt. Die schwachen Wolkenbänder Saturns werden als leichte Farb- und Helligkeitsunterschiede auf der Planetenscheibe sichtbar.

Tipp: Im kleinen Teleskop mit 80mm Öffnung können Sie die Merkmale des Saturns gut beobachten. Den Ring erkennen Sie schon deutlich bei einer Vergrößerung von 60-fach. Mit einer höheren Vergrößerung bei etwa 100-fach wird der Anblick plastisch und der Ring scheint den Planeten zu umschweben. Die Cassini-Teilung ist schwieriger zu sehen: Hierzu benötigen Sie sehr gutes Seeing, welches eine Vergrößerung von etwa 100-fach und mehr ermöglicht. Konzentrieren Sie sich dabei zuerst auf die äußeren Bereiche des Rings, links und rechts des Planeten. Dort erscheint die Cassini-Teilung aufgrund der Perspektive breiter und leichter erkennbar.

blickten wir unter maximalem Winkel auf die Nordseite der Ringe. In den folgenden Jahren wird sich der Sichtwinkel nach und nach wieder schließen, bis wir 2025 genau auf die Kante des Systems schauen.

Nicht nur Ringe

Trotz einer sehr turbulenten Atmosphäre mit Windgeschwindigkeiten bis zu 1800km/h sind markante Strukturen, wie auf der Wolkenoberfläche Jupiters, nicht sichtbar. Die Atmosphäre erscheint in einem Ockerton und bei etwa 100-facher Vergrößerung wird ein breites, etwas dunkler erscheinendes Wolkenband um den Äquator sichtbar. Dafür bietet Saturn noch eine andere Attraktion: Titan, den hellsten und größten seiner 60 bekannten Monde. Mit 5150km Durchmesser übertrifft er sogar deutlich den Erdmond. Diesen Trabanten können Sie auch im kleinen Teleskop als schwaches »Sternchen« nahe dem Planeten beobachten. In einem astronomischen Jahrbuch oder mit einer Planetariumssoftware lässt sich seine Position bestimmen. Die europäische Raumsonde »Huygens« landete am 14.1.2005 erfolgreich auf der Oberfläche Titans – so wird Raumfahrt im Teleskop lebendig

Objekte

47

Portrait: die Doppelsterne Albireo und Epsilon Lyrae

Der Sommerhimmel in der Gegend des Sternbilds Schwan ist mit einer imposant strukturierten Milchstraße eine der schönsten Regionen des Himmels. Dort finden Sie zwei attraktive Ziele, die auf den ersten Blick unscheinbar sind und erst bei näherer Betrachtung ihre Doppelleben preisgeben: die *Doppelsterne* Albireo im Schwan und Epsilon Lyrae in der benachbarten Leier.

Mit dem bloßen Auge

Für den äußerst scharfäugigen Beobachter bietet sich das Paar Epsilon Lyrae an, etwa 1,5° nordöstlich der hellen Wega. Dort finden Sie ein etwa 5^m schwaches Sternchen, das sich als Paar Epsilon-1 und Epsilon-2 mit 208 *Bogensekunden* Abstand entpuppt. Dieser Zwischenraum ist gerade so groß, dass er noch für sehr scharfe Augen trennbar ist. Dafür muss jedoch der Himmel genügend dunkel sein. Versuchen Sie trotzdem einmal Ihr Glück!

Durch das Fernglas

Albireo, der den Schnabel des Schwans darstellt, ist ein Doppelstern mit einem außerordentlich hübschen Farbkontrast: Die orangefarbene Sonne – ein Überriese mit $3^{m}_{.}1$ Helligkeit – wird von einer heißen blauen Sonne mit $5^{m}_{.}1$ Helligkeit begleitet. Der deutliche Helligkeitsunterschied macht dem Fernglas zu schaffen und es ist nicht ganz einfach, das Paar zu trennen. Mit nur 10-facher Vergrößerung wird der schwächere Stern leicht überstrahlt, bei 15-facher Vergrößerung gelingt das Trennen jedoch sicher, besonders, wenn das Fernglas auf einem Stativ befestigt wird. Epsilon Lyrae dagegen ist für Ferngläser jeder Größe ein leichtes Ziel.

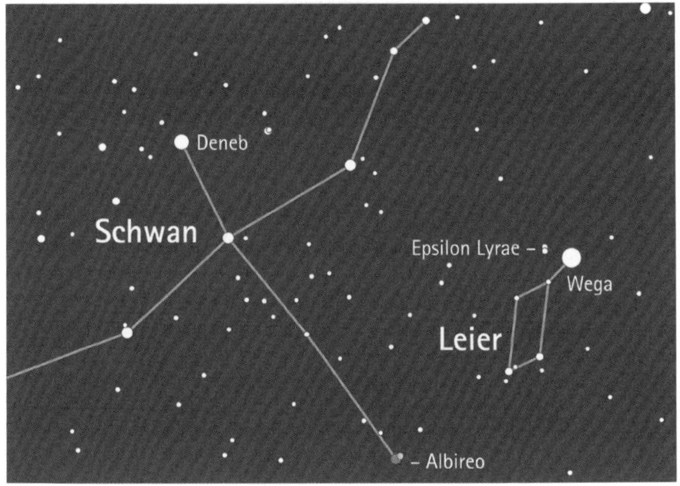

Im Teleskop

Im Teleskop können Sie sich die Farben Albireos besonders gut vor Augen führen: Stellen Sie die beiden Sonnen leicht unscharf, so dass Sie anstatt zweier Punkte zwei kleine Scheibchen sehen. Das Licht wird dadurch auf eine größere Fläche verteilt und der Farbkontrast stärker. Versuchen Sie verschiedene Vergrößerungen, bis der Farbeindruck deutlich wird.

Epsilon Lyrae gibt erst im Teleskop sein Geheimnis preis. Ab etwa 100-facher Vergrößerung zeigen sich die Sterne des Paars ebenfalls doppelt, sozusagen ein doppelter Doppelstern. Die Sterne A und B von Epsilon-1 umkreisen sich in einem Abstand von 2,3 Bogensekunden und die Sonnen C und D von Epsilon-2 in 2,4 Bogensekunden Entfernung. Damit sind beide auch in einem Teleskop mit 80mm Öffnung als Vierfach-System erkennbar.

Albireo in einem Teleskop mit 80mm Öffnung und 20-facher Vergrößerung. Beste Sichtbarkeit im Sommer.

Epsilon Lyrae, aufgelöst in ein doppeltes Sternpaar. Beobachtungsgerät war ein Refraktor mit 100mm Öffnung bei 150-facher Vergrößerung. Beste Sichtbarkeit im Sommer.

Tipp: Bei der Beobachtung von Doppelsternen ist hervorragendes Seeing das oberste Gebot! Stellen Sie deshalb in einer Nacht, die diese Bedingung erfüllt, einige Doppelsterne an die erste Stelle Ihrer Beobachtungsliste und wagen sich an die maximale Vergrößerung Ihres Teleskops. Sehr enge Sternpaare, die Ihr Teleskop an die Grenze seines Leistungsvermögens bringen, benötigen absolut ruhige Luft, da ansonsten die beiden Sternscheibchen ineinander »verlaufen« würden. Ebenfalls sollte das Teleskop ausreichend Zeit gehabt haben, sich an die Umgebungstemperatur anzupassen und einwandfrei justiert sein. Stellen Sie das Ziel im Teleskop ein und steigern die Vergrößerung so weit, dass Sie noch ein weitgehend ruhiges Bild erhalten. Da Doppelsterne, deren Partner keinen allzu großen Helligkeitsunterschied zeigen, nicht unbedingt einen sehr dunklen Himmel benötigen, lohnt sich auch eine Beobachtung aus der Stadt heraus, wenn die generell schlechteren Seeingbedingungen der städtischen Umgebung dies zulassen.

48

Objekte

Portrait: die Offenen Sternhaufen M 45 und h+chi

Die *Offenen Sternhaufen* (engl. Open Cluster, OC) scheinen auf den ersten Blick nicht so verlockende Ziele wie ferne Galaxien und Nebel zu sein. Sie sind jedoch für den Einsteiger ein wunderbares Testgelände für die ersten Schritte am Firmament. Sie finden Objekte, die schon mit dem bloßen Auge sichtbar sind, sowie weit entfernte Sternhaufen, die nur im Teleskop als solche erkennbar werden.

Mit dem bloßen Auge

Die Plejaden sind der Klassiker unter den Offenen Sternhaufen und auch aus der Stadt heraus als ausgedehnte Aufhellung am Nachthimmel erkennbar. Ist der Himmel an Ihrem Standort etwas dunkler, gibt das Siebengestirn, wie M 45 auch genannt wird, seine hellsten Sterne preis: Alkyone, Merope, Elektra, Maia und Taygeta, allesamt Töchter des Atlas, dem Titanen aus der griechischen Mythologie. Atlas zählt selbst auch zu den hellsten Sternen von M 45. Unter besseren Bedingungen sind auch die Mutter Pleione und die Töchter Celaeno und Asterope sichtbar. Der Doppelsternhaufen h+chi (gesprochen ha und chi), NGC 869/884, im Sternbild Perseus ist anspruchsvoller und verlangt nach einem schon recht dunklen Himmel. Ab etwa $5^{m}_{,}5$ *Grenzgröße* sollte die Sternansammlung für Sie sichtbar werden.

Durch das Fernglas

Beide Sternhaufen sind wie für das Fernglas geschaffen! Die beachtliche Größe von M 45 mit fast vier Vollmonddurchmessern ist damit am besten zu erfassen. Im Fernglas leuchten etwa 30 Sterne, von denen die hellsten sieben als markante Figur sofort ins Auge springen und die Sie an ein nicht weniger bekanntes Sternmuster erinnern werden: den Großen Wagen. Ein hübsches Detail ist eine gebogene Sternkette, die nahe bei Alkyone beginnend in Richtung Südosten dem Haufen entspringt. Während das Siebengestirn Sie schwärmen lässt, wird der Doppelsternhaufen h+chi Sie hellauf begeistern. Die beiden Haufen bilden ein Paar in etwa 7000 *Lichtjahren* Entfernung mit nur wenigen hundert Lichtjahren Abstand zueinander. Bereits im 8×30-Fernglas präsentiert sich h+chi als doppelte Sterninsel, dicht gedrängt mit hauptsächlich blauweißen und einigen orangefarbigen Sternen vor dem diffusen Leuchten unaufgelöster Haufenmitglieder.

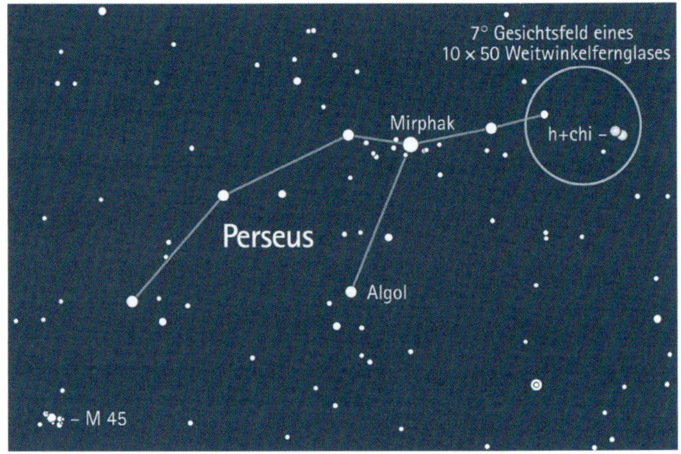

Im Teleskop

Damit der Sternhaufeneindruck nicht verloren geht, sollten Sie sowohl die Plejaden als auch h+chi bei kleinster Vergrößerung und wenn möglich mit einem *Gesichtsfeld* von mindestens 2° betrachten. Beide

Haufen büßen ansonsten einiges von ihrer Schönheit ein. Im Teleskop wird inmitten von M 45 eine graziöse Gruppe aus drei Sonnen nahe bei Alkyone sichtbar. Bei h+chi lohnt sich auch einmal ein Versuch mit höheren Vergrößerungen: Im Zentrum von NGC 869 zum Beispiel können Sie eine halbkreisförmige Sternkette mit einer einzelnen Sonne gegenüber diesem Bogen entdecken.

Tipp: Die größten und hellsten der Offenen Sternhaufen, wie die Plejaden, die Hyaden, der Perseus-Bewegungshaufen Mel 20, Mel 111 oder die Krippe M 44, sind auch aus der Stadt heraus mit dem Fernglas gut beobachtbar und zeigen schon die Vielfalt dieser Mitglieder unserer Milchstraße. Als nächste, etwas anspruchsvollere Stufe bieten sich z.B. M 35, M 36/37/38 an, die auch bei einem etwas aufgehellten Himmel im kleinen Teleskop einen schönen Anblick zeigen. Gemein ist diesen Sternhaufen, dass sie einen relativ großen Durchmesser am Himmel haben: etwa bis zu Vollmondgröße. Verwenden Sie eine niedrige Vergrößerung und ein großes Gesichtsfeld, damit der Sternhaufeneindruck erhalten bleibt, ansonsten sehen Sie quasi den Wald vor lauter Bäumen nicht und übersehen den Haufen. Schlagen Sie deshalb bei einem noch unbekannten Haufen im Sternatlas vorab die Größe nach. An einem wirklich dunklen Standort können Sie sich auch an kleinere Ziele wagen, die größere Öffnungen und höhere Vergrößerungen benötigen, zum Beispiel M 50, M 103 oder NGC 7789 in der Kassiopeia. Offene Sternhaufen sind praktisch in jeder Beobachtungsnacht mit passablen Beobachtungsbedingungen ein lohnendes Ziel.

▲ Das Elternpaar Atlas und Pleione mit seinen sieben Töchtern im 10×50-Fernglas. Kein Teleskop vermag den Offenen Sternhaufen mit seinen bläulich funkelnden Sternen so darzustellen wie ein Fernglas. Beste Sichtbarkeit im Winter.

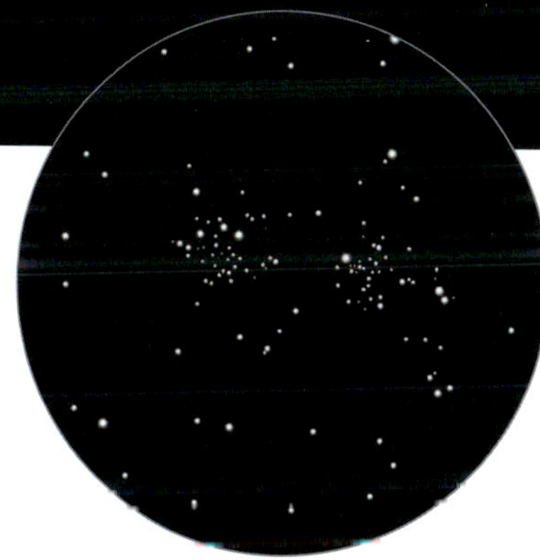

Die Zeichnung von h+chi vermittelt einen guten Eindruck des Anblicks in einem 15×50-Fernglas. Beste Sichtbarkeit im Herbst.

Objekte

49 Portrait: die Galaktischen Nebel M 42 und M 1

Unter den Deep-Sky-Objekten würden alleine schon die *Galaktischen Nebel* (engl. Galactic Nebula, GN) Beobachtungsstoff für ein ganzes Astronomenleben bieten. Für Teleskope jeder Öffnung finden sich interessante Ziele: helle ausgedehnte *Emissionsnebel*, zart leuchtende *Reflexionsnebel* und mächtige *Dunkelnebel*, die das Licht der dahinter liegenden Sterne verbergen. Zwei Mitglieder dieser großen Gemeinschaft sind jedoch auf ihre eigene Weise herausragend: der Orionnebel M 42, der hellste Galaktische Nebel am Himmel, und der Krebsnebel M 1, dessen Geburt vor fast tausend Jahren auch am Tage sichtbar war.

Mit dem bloßen Auge

In sehr klaren und dunklen Winternächten ist im Orion das diffuse Glühen von M 42 mit der Beobachtungstechnik des *Indirekten Sehens* wahrnehmbar. Diese gewaltige Gaswolke beherbergt in ihrem Inneren ein nur etwa eine Million Jahre junges Sternennest, dessen Strahlung das Gas zum Aufleuchten bringt.

Durch das Fernglas

Im Fernglas stellen sich M 42 und M 1 als zwei sehr unterschiedliche Ziele dar. Der Orionnebel ist bereits im kleinen Fernglas mit 30mm Öffnung als nebelhafter Schimmer sichtbar. Mit zunehmender Öffnung erscheint der Nebel immer ausgedehnter und strukturierter. Ein dunkler Vororthimmel und ein 70mm-Fernglas präsentieren M 42 als vollmondgroße Fläche und lassen an seinem nördlichen Rand zwei helle bogenförmige Gebiete erkennen, die »Schwingen« des Orionnebels. Auffallend sind drei dicht beieinander stehende Sterne, das »Trapez« im Zentrum des Nebels. Hier können Sie Sternentstehung (fast) live verfolgen! M 1 dagegen bleibt gerne im Verborgenen. Im Jahre 1054 sah das jedoch ganz anders aus: Damals war die Geburt des Krebsnebels in Form einer *Supernova* als heller Stern sogar am Taghimmel mehrere Wochen sichtbar. Heute müssen Sie jedoch schon genau an die richtige Stelle schauen, damit Sie im Fernglas M 1 als ein winziges lichtschwaches Wölkchen erkennen können, den Überrest dieser gewaltigen Sternexplosion.

Im Teleskop

Viel mehr ist auch im kleineren und mittleren Teleskop von M 1 nicht erkennbar, lediglich seine leicht gebogene ovale Form zeichnet sich deutlicher ab. Der Orionnebel jedoch trumpft im Teleskop erst richtig auf. Das Trapez kann jetzt, je nach Öffnung des Teleskops, in vier bis sechs Sterne aufgelöst werden und die Nebelregionen offenbaren unvergleichliche Strukturen. Beschäftigen Sie sich ruhig einmal einen ganzen Beobachtungsabend mit deren Studium und erkunden unterschiedliche Vergrößerungen, die immer wieder andere Details sichtbar werden lassen. M 42 ist auch die richtige Spielwiese für Ihren *Nebelfilter*, der hier gut zur Geltung kommt.

Tipp: Wie bei den Galaxien bringt den meisten Beobachtungsgewinn ein dunkler Himmel. Besonders Reflexionsnebel und Dunkelnebel erfordern einen erstklassigen Beobachtungsstandort, der Ihnen die Chance auf den Genuss einer Sichtung ermöglicht. Ohne eine strukturiert erkennbare Milchstraße bleiben besonders die Dunkelnebel meist verborgen. Ein Nebelfilter zeigt bei diesen Objekten in der Regel keine Wirkung. Eine Ausnahme ist der bekannte Pferdekopfnebel im Orion: Durch die Verwendung eines Nebelfilters wird der den Pferdekopfnebel umgebende Emissionsnebel im Teleskop ab etwa 200mm Öffnung selbst unter erstklassigem Himmel überhaupt erst sichtbar – und auch somit der Pferdekopfnebel. Die Emissionsnebel sprechen generell gut auf die Verwendung eines Nebelfilters an. Damit werden auch bei hellerem Himmel in Stadtnähe Galaktische Nebel wie zum Beispiel der Schwanennebel M 17 erreichbare Ziele.

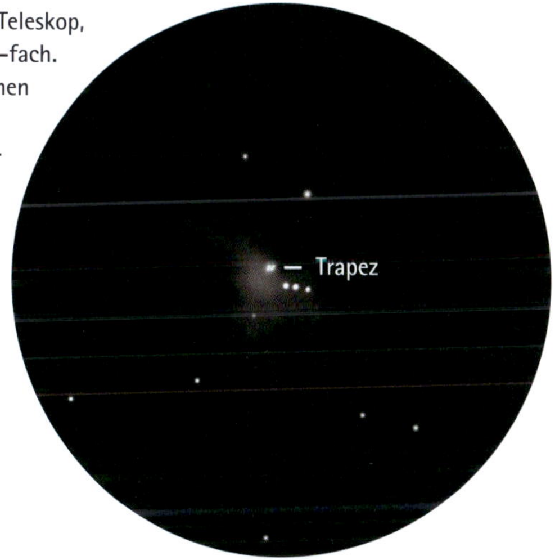

M 42 im 80mm Teleskop, Vergrößerung 50-fach. Das sanfte Glimmen und die typische Form sind unverkennbar. Beste Sichtbarkeit im Winter.

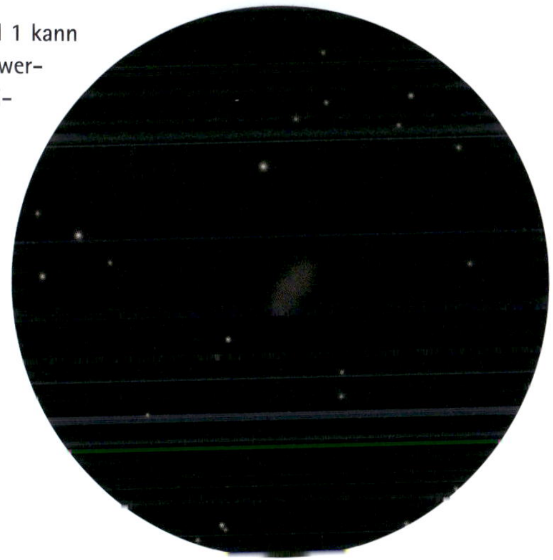

Der Krebsnebel M 1 kann leicht übersehen werden, da er im kleinen Teleskop nur schwach sichtbar ist. Hier der Anblick in einem Teleskop mit 80mm Öffnung und 50-facher Vergrößerung. Beste Sichtbarkeit im Winter.

Objekte

50 Portrait: die Planetarischen Nebel M 27 und M 57

Die Klasse der *Planetarischen Nebel* (engl. Planetary Nebula, PN) beherbergt viele Ziele mit so spannenden Namen wie Eskimonebel, Hantelnebel, Eulennebel oder Ringnebel und tatsächlich können diese Objekte im Teleskop eine Vielzahl von Formen und Strukturen zeigen, die die Fantasie des Betrachters anregen. Zwei besonders berühmte und viel besuchte Vertreter dieser Gattung sind gar nicht so schwer zu entdecken und versprechen schnell erste Erfolge in der Beobachtung dieser Objektklasse.

Durch das Fernglas

Der Ringnebel M 57 ist für das Fernglas ein ernst zu nehmendes Ziel. Zwar ist der Nebel schon bei einem dunklen Vororthimmel sichtbar – aber keine Spur von einem Ring oder wenigstens einer kleinen flächigen Scheibe. Sie benötigen auf jeden Fall eine genaue Karte, um das nur 1,2 **Bogenminuten** kleine leicht diffuse Sternchen als Ringnebel zu identifizieren. Im Gegensatz dazu ist der Hantelnebel M 27 mit einer Größe von 8×4 Bogenminuten schon riesig, sehr hell und wesentlich auffälliger. Selbst im kleinen Fernglas haben Sie damit schnell ein Erfolgserlebnis. Etwas unterhalb des Sternbilds Füchschen ist er als kleiner flauschiger Ball erkennbar.

Im Teleskop

Beide Nebel sind im Teleskop ergiebige Objekte, die eine Menge an Details preisgeben können. Voraussetzung beim Ringnebel ist allerdings eine recht hohe Vergrößerung von etwa 100-fach. Ein Teleskop mit 80mm Öffnung zeigt schon das typische Bild des Rauchrings.

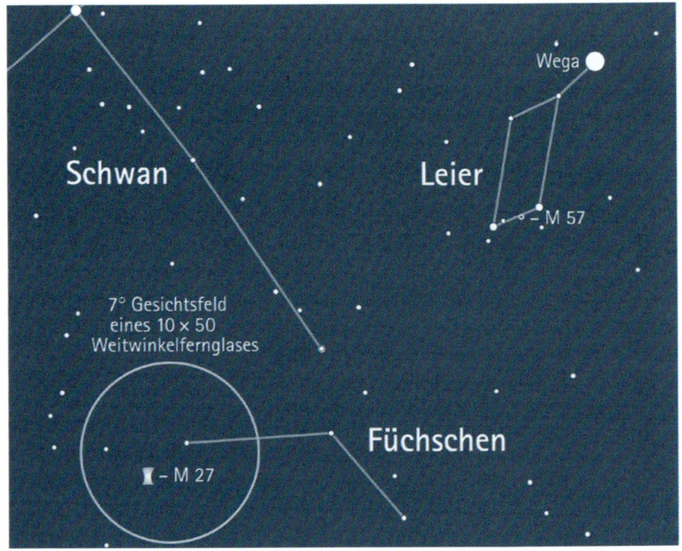

Wagen Sie sich ruhig auch einmal an die maximale Vergrößerung heran, vielleicht erkennen Sie seine leicht ovale Form. Der charakteristische Umriss des Hantelnebel ähnelt dem einer Sanduhr. Diese Gestalt wird schon ab einer Vergrößerung von etwa 50-fach wahrnehmbar. Erhöhen Sie auch hier schrittweise die Vergrößerung Ihres Teleskops, so dass Sie vielleicht schon die ersten Strukturen wie hellere Verdichtungen in den Randbereichen von M 27 erspähen können. Beide Nebel sprechen sehr gut auf die Verwendung von *Nebelfiltern* an.

Auch unter einem Vorstadthimmel ▶ ist der Hantelnebel M 27 selbst im Fernglas sichtbar. Die Grafik zeigt den Anblick in einem 15×50-Fernglas. Beste Sichtbarkeit im Sommer.

◀ Die Zeichnung des Ringnebels M 57 wurde an einem Teleskop mit 200mm Öffnung angefertigt. Die Rauchringform ist gut erkennbar. Beste Sichtbarkeit im Sommer.

Tipp: Das Hauptmerkmal der Planetarischen Nebel ist ihre geringe scheinbare Größe am Himmel. Viele dieser Deep-Sky-Objekte sind kleiner als eine Bogenminute. Der Hantelnebel ist schon ein wahrer Gigant dieser Objektklasse. Zum erfolgreichen Auffinden sollten Sie deshalb einigermaßen geübt im Star-Hopping sein und gut vorbereitet mit einer genauen Aufsuchkarte oder einem Sternatlas auf die Suche gehen. Erkunden Sie schon zu Hause die beste Strecke zum »Sternhüpfen« und zeichnen diese in Ihre Karte ein. Durchsichtige Schablonen, die die Gesichtsfelder Ihrer Okulare und des Suchers darstellen, helfen dabei enorm. Planetarische Nebel erscheinen beim Aufsuchen bei niedrigen Vergrößerungen oftmals nur als kleine unscharfe Sterne, die zuerst leicht übersehen werden. Nach einiger Zeit erlernen Sie aber den richtigen Blick dafür. Ein dunkler Himmel lässt natürlich wesentlich mehr Details erkennen und ermöglicht hohe Vergrößerungen, die für das Wahrnehmen von Strukturen in den Nebeln Voraussetzung sind. Aber selbst bei einem Vorortthimmel sind viele Planetarische Nebel aufzuspüren. Hier lassen sich ganz besonders gewinnbringend Schmalband-Nebelfilter einsetzen, die das störende Stadtlicht zu einem Teil abblocken können. Diese Filter gehören deshalb zur Grundausstattung des Liebhabers Planetarischer Nebel. Noch besser dafür sind [OIII]-Filter geeignet, die nur das Licht einer Sauerstofflinie im grünen Spektralbereich durchlassen, in der Planetarische Nebel besonders intensiv leuchten.

51 Portrait: die Kugelsternhaufen M 13 und M 92

Der Sommer ist die Hochzeit der ***Kugelsternhaufen*** (engl. Globular Cluster, GC): Vom Schützen und Skorpion über den Schlangenträger bis hin zum Herkules präsentieren sich über ein Dutzend dieser ***Deep-Sky-Objekte***. Die Vertreter M 92 und der wohl am meisten besuchte Kugelsternhaufen M 13 zeigen sich jetzt in Bestform.

Mit dem bloßen Auge

M 13, der größere der beiden Haufen ist mit einer Helligkeit von $5^{m}{,}7$ an einem dunklen Standort gerade so mit dem bloßen Auge als kleiner unscharfer Stern erkennbar. Das Leuchten von über einer Million Sonnen ist hier vereint. Innerhalb eines solchen Kugelsternhaufens wäre der Himmel niemals wirklich dunkel und mit Sternen übersät, die heller als die Venus strahlten. Auf seiner Wanderung um das Milchstraßenzentrum, befindet sich M 13 gerade in einer Distanz von etwa 26.000 Lichtjahren, sein Nachbar M 92 ist mit etwa 27.000 Lichtjahren nur wenig weiter entfernt. Der »kleine Bruder« von M 13 beheimatet allerdings deutlich weniger Sonnen in seinem Inneren. Die Helligkeit erreicht auch nur einen Wert von $6^{m}{,}5$. Mit dem bloßen Auge ist er deshalb in Deutschland nur an sehr dunklen Standorten wie z.B. dem Hochgebirge sichtbar.

Durch das Fernglas

Für beide Sternhaufen ist eine erste Annäherung mit dem Fernglas empfehlenswert. Auf diese Weise sind beide recht einfach zu finden und ihre Positionen am Himmel für eine spätere Beobachtung mit dem Teleskop schnell erlernt. Starten Sie an der oberen Ecke des Herkulesvierecks. Schon auf einem Drittel der Verbindungslinie von Eta zu Zeta

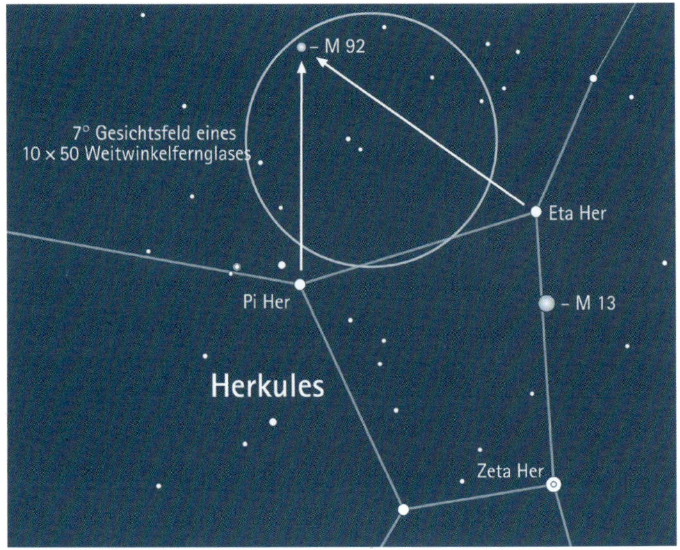

Herculis springt Ihnen ein heller »flauschiger« Ball ins Auge: M 13. Dagegen ist sein Nachbar M 92 schon ein wenig schwieriger zu entdecken, da er deutlich schwächer und kleiner erscheint und damit leicht im Sterngewimmel übersehen wird. Sie finden ihn an der Spitze eines Dreiecks, das aus den Sternen Pi und Eta Herculis und dem Haufen selbst gebildet wird. M 92 erscheint im Fernglas lediglich als kleiner verschwommener Punkt.

Im Teleskop

Bei der Beobachtung mit einem Teleskop laufen beide Sternhaufen zur Höchstform auf: Mit 80mm Öffnung erscheinen sie unter einem dunklen Himmel an den Rändern leicht gesprenkelt – hier und da blitzen schon die ersten Sterne auf. Mit zunehmender Öffnung wird der Anblick immer fantastischer und bei 200mm Öffnung ist M 13 bis ins Zentrum in Hunderte von einzelnen Sternen aufgelöst – ein unvergleichlicher Anblick! Für M 92 ist dafür jedoch mit 300mm deutlich mehr Öffnung erforderlich.

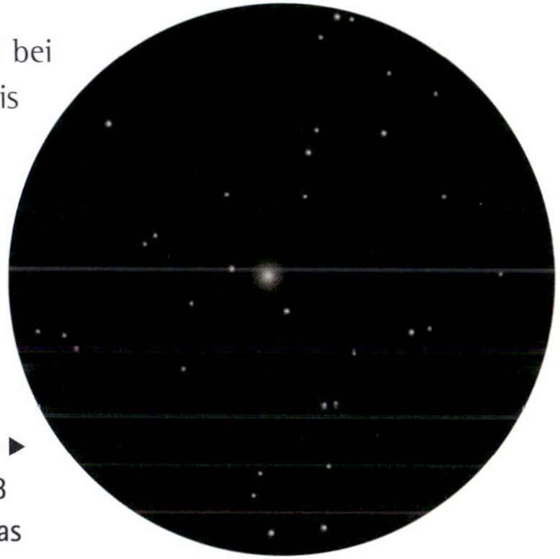

Der vermutlich am meisten beobachtete Kugelsternhaufen M 13 ist auch in einem 10×50-Fernglas nicht zu übersehen. Beste Sichtbarkeit im Sommer. ▶

Fotografie von M 13 mit einem Teleskop von 275mm Öffnung. Ähnlich ist auch der Eindruck in einem Teleskop mit Öffnungen von 300mm und größer. ▶

Tipp: Kugelsternhaufen wirken besonders eindrucksvoll, wenn sie im Teleskop aufgelöst werden, das heißt, Sie können die einzelnen Sterne innerhalb des Haufens erkennen. Große helle Kugelsternhaufen wie M 13 lassen sich bis ins Zentrum in Sterne auflösen, bei den meisten anderen Haufen ist dies nur in den Randbereichen möglich. Da Kugelsternhaufen am Himmel nur sehr klein erscheinen, benötigen Sie dazu hohe Vergrößerungen ab etwa 150-fach und eine Teleskopöffnung ab 200mm. Je nach Öffnung des Teleskops können Sie sich auch an höhere Vergrößerungen heranwagen. Nutzen Sie dazu eine Nacht mit sehr gutem Seeing. An einem dunklen Standort wird ein solches Deep-Sky-Objekt immer leichter auflösbar sein, trotzdem sind die hellsten Kugelsternhaufen auch an einem helleren Beobachtungsplatz wie einem Vorort oder sogar aus der Stadt heraus gut sichtbar. Erwarten Sie hier allerdings nicht die Pracht wie in einer dunklen Sommernacht auf dem Land. *Nebelfilter* helfen bei der Beobachtung nicht, da sie das Licht der Sterne wie des Himmels gleichermaßen abschwächen und so keine Kontrastverbesserung bewirken.

52 Portrait: das Galaxienpaar M 81 und M 82

Galaxien (engl. Galaxy, Gx) sind Deep-Sky-Objekte mit einer starken Anziehungskraft auf den Sternfreund. Vielleicht liegt dies daran, dass sie Gebilde darstellen, die unserer Milchstraße oft sehr ähnlich sind. Möglicherweise blicken wir bei der Betrachtung einer fernen Galaxie auch auf die Heimat außerirdischen Lebens. Die Chancen dafür stehen gar nicht so schlecht, denn von der Erde aus können wir theoretisch geschätzte 100 Milliarden Galaxien beobachten. Zwei davon zeigen sich im Frühjahr von ihrer besten Seite: das Galaxienpaar M 81 und M 82.

Rendezvous mit Folgen

Vor vielen 10 Millionen Jahren hatten die beiden Welteninseln ein folgenschweres Rendezvous, bei dem sie sich so nahe gekommen sind, dass es nicht ohne Folgen blieb: Bei M 82 setzte eine starke Sternentstehung ein, ihr Partner M 81 scheint davon jedoch weitgehend unberührt geblieben zu sein.

Durch das Fernglas

Beide Galaxien sind zu lichtschwach um mit dem bloßen Auge erkannt zu werden. Für das Fernglas sind sie jedoch ein erreichbares Ziel. Die $6{,}^{m}8$ helle Galaxie M 81 präsentiert sich als kleines Oval, umgeben von einem schwachen Halo. M 82 ist im gleichen Gesichtsfeld nur etwa 1° nördlich sichtbar und zeigt sich von der Seite als längliche und oft »zigarrenförmig« beschriebene Struktur, ihre Helligkeit ist mit $8{,}^{m}4$ deutlich geringer.

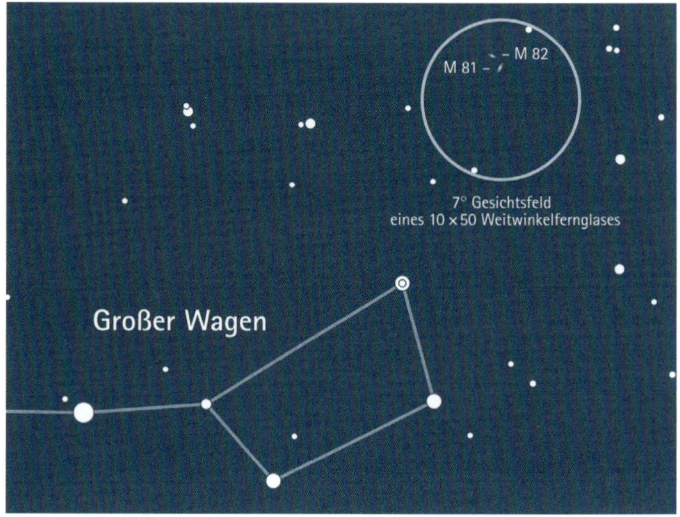

Im Teleskop

Der besondere Reiz der Beobachtung des Paares liegt in der Sichtbarkeit im gleichen Gesichtsfeld. Starten Sie mit einer kleinen Vergrößerung von zum Beispiel 30-fach und mit einem Weitwinkelokular, ideal wäre ein *tatsächliches Gesichtsfeld* von 1,5° oder mehr. Der Anblick beider Galaxien, die förmlich vor Ihnen im Raum schweben, ist fast nicht zu glauben: Hier erreicht Sie das Licht zweier Welten, das ca. 12 Millionen Jahre unterwegs war. Bei höheren Vergrößerungen verliert sich dieser Eindruck. Allerdings lohnt sich ein näherer Blick, besonders auf M 82. Ab Teleskopöffnungen von etwa 120mm und mit einer Vergrößerung jenseits von 100-fach öffnet sich eine neue Welt. In der schmalen Scheibe zeigen sich dann dunkle Bänder, Flecken und dichtere helle Stellen: die Spuren großer Staub- und Gasmassen in der Ebene der Galaxie. Haben Sie allerdings Geduld, denn diese Einzelheiten zeigen sich nicht auf den ersten Blick. M 81 offenbart jedoch in der Regel auch bei höheren Vergrößerungen und Öffnungen nicht mehr als ein ovales Leuchten mit einem hellen Kernbereich.

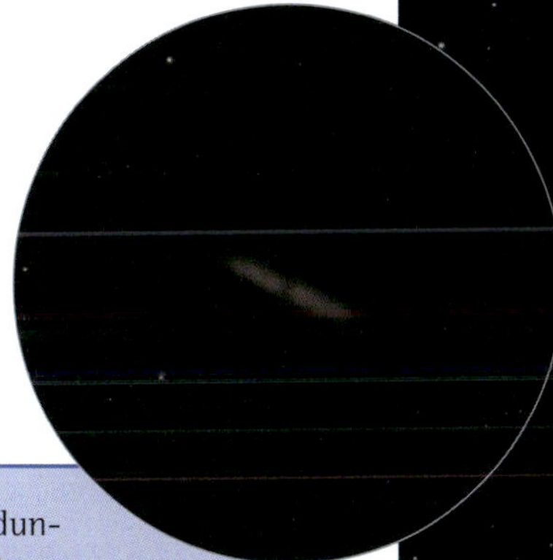

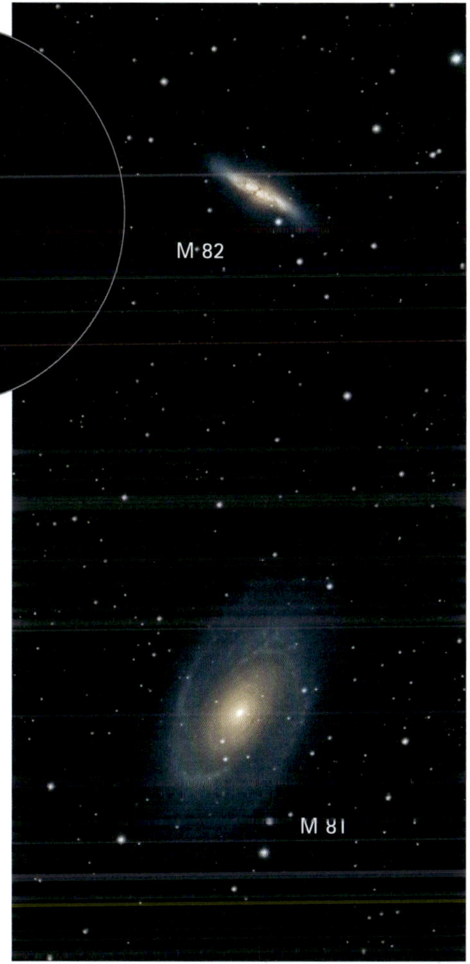

Die Spiralgalaxie M 81 sehen wir so, dass die Spiralarme sichtbar werden, die irreguläre Galaxie M 82 zeigt sich dagegen genau von der Seite. Die Zeichnung zeigt M 82 in einem 200mm-Teleskop. Beste Sichtbarkeit im Frühjahr.

Tipp: Wenn Sie auf Galaxienjagd aus sind, suchen Sie den dunkelsten Himmel, den Sie finden können und eine Nacht mit ausgezeichneter Transparenz. Hier machen $0^{m}_{,}5$ in der *Grenzgröße* den Unterschied zwischen einem diffusen nebligen Fleck und einer detaillierten und spannenden Beobachtung aus - oder im schlimmsten Fall sogar zwischen sehen und nicht sehen. Hegen Sie besser keine großen Erwartungen mit Öffnungen unter 120mm, damit bleiben Strukturen meist verborgen. Für den noch ungeübten Beobachter bedeutet eine größere Öffnung von z.B. 200mm einen leichteren Einstieg. Passen Sie die Vergrößerung dem Objekt und den jeweiligen Bedingungen an: Ist der Himmelshintergrund zu hell, kann sich eine lichtschwache Galaxienscheibe nicht durchsetzen. Erhöhen Sie dann die Vergrößerung, bis der Hintergrund einen optimalen Kontrast zur Galaxie zeigt. Übertreiben Sie dabei allerdings auch nicht, denn dann wird das Objekt zu dunkel. *Nebelfilter* haben keine Wirkung, sie sind im Gegenteil sogar nachteilig, da sie das Licht der Galaxie stark dämpfen. Planen Sie Ihre Beobachtung so, dass Sie das Ziel möglichst an seinem höchsten Stand am Himmel ins Visier nehmen. Optimal dafür sind Beobachtungsplaner wie die Software Eye & Telescope, oder verwenden Sie eine drehbare Sternkarte zur Bestimmung dieses Zeitpunktes.

Der Nachthimmel im Januar/Februar 1. Januar 0:00 MEZ, 1. Februar 22:00 MEZ, 1. März 20:00 MEZ

Der Nachthimmel im März/April

1. März 0:00 MEZ, 1. April 23:00 MESZ, 1. Mai 21:00 MESZ

Der Nachthimmel im Mai/Juni

1. Mai 1:00 MESZ, 1. Juni 23:00 MESZ, 1. Juli 21:00 MESZ

Der Nachthimmel im Juli/August

1. Juli 1:00 MESZ, 1. August 23:00 MESZ, 1. September 21:00 MESZ

Der Nachthimmel im September/Oktober 1. September 1:00 MESZ, 1. Oktober 23:00 MESZ, 1. November 20:00 MEZ

Der Nachthimmel im November/Dezember 1. November 0:00 MEZ, 1. Dezember 22:00 MEZ, 1. Januar 20:00 MEZ

Literaturtipps

Astronomie allgemein:

Herrmann, J.: dtv-Atlas Astronomie, dtv 2005
Die Grundzüge der Astronomie werden, grafisch gut aufbereitet, verständlich dargestellt.

Spix, L.: skyscout, Oculum 2017
Praktischer kompakter Führer zu den wichtigsten Sternen und Sternbildern.

Teleskope:

Stoyan, R.: Fernrohr-Führerschein, Oculum 2015
Eine Anleitung für Teleskopbesitzer, mit ausführlicher Beschreibung zum Aufbauen und Beobachten.

Stoyan, R., Gährken, B.: Kauf-Ratgeber Teleskope in 4 Schritten, Oculum 2010
Welches Fernrohr ist für mich geeignet? Dieses Buch erklärt die verschiedenen Konstruktionen, gibt eine Übersicht des Marktes und bietet Ratschläge für den Kauf.

Spix, L.: Fern-Seher, Oculum 2009
Eine Anleitung zum Kauf und Benutzung von Ferngläsern. Mit astronomischen Beobachtungstipps.

Himmelsatlas:

Feiler, M., Noack, P.: Deep Sky Reiseatlas, Oculum 2014
Dieser praktische und übersichtliche Himmelsatlas zeigt alle Sterne bis zur Grenzgröße $7\overset{m}{,}5$. Mehr als 600 Deep-Sky-Objekte sind verzeichnet.

Mondatlas:

Spix, L.: moonscout, Oculum 2013
Kompakter Mondführer. Zeigt für jede Mondphase die wichtigsten Mondformationen.

Stoyan, R., Purucker, H. G.: Reiseatlas Mond, Oculum 2013
Atlas für Mondbeobachter mit Abbildung der gesamten Vorderseite des Mondes auf 38 Kartenseiten mit Beschreibungen.

Deep-Sky-Beobachtung:

Stoyan, R.: Deep Sky Reiseführer, Oculum 2014
Detaillierter Führer zu den 300 schönsten Sternhaufen, Nebeln und Galaxien für kleine Teleskope. Über 300 Zeichnungen und Fotos zeigen realistisch, was den Beobachter erwartet.

Astrofotografie:

Dittler, U, Koch, B., Martin, A.: Handbuch Astrofotografie, Oculum 2016
Weltweit umfangreichstes Kompendium zur Astrofotografie mit Grundlagen zu Kameras, Optik und Montierung.

Zeitschriften:

Abenteuer Astronomie: Zeitschrift für Astronomie (8× jährlich, Oculum-Verlag, Erlangen)

Sky & Telescope: Astronomie-Zeitschrift in Englisch (12× jährlich, Sky Publishing, Cambridge, USA)

Software:

Stellarium
Kostenloses Planetariumsprogramm mit realistischer Himmelsdarstellung
www.stellarium.org/de/

TheSky, Software Bisque
Planetariumssoftware und Sternkartenprogramm in einem, in verschiedenen Versionen nach Umfang und Preis erhältlich.

Astronomische Ereignisse 2018 bis 2035

Mondfinsternisse

2018 Jul	27	22:21	MESZ	total
2019 Jan	21	6:12	MEZ	total
2019 Jul	16	23:30	MESZ	partiell
2022 Mai	16	4:27	MESZ	total
2023 Okt	18	22:14	MEZ	partiell
2024 Sep	18	4:44	MESZ	partiell
2025 Mär	14	6:09	MEZ	partiell
2025 Sep	7	20:11	MESZ	total
2026 Aug	28	6:13	MESZ	partiell
2027 Feb	21	00:14	MEZ	Halbschatten
2028 Jan	12	5:13	MEZ	partiell
2028 Jul	6	20:55	MESZ	partiell
2028 Dez	31	17:52	MEZ	total
2029 Jun	26	5:24	MESZ	total
2029 Dez	20	23:42	MEZ	total
2031 Mai	7	5:50	MESZ	Halbschatten
2031 Okt	30	8:45	MEZ	Halbschatten
2032 Okt	18	20:02	MESZ	partiell

Planetenbedeckungen durch den Mond

2019 Feb	2	8:07	MEZ	Saturn
2019 Nov	28	11:50	MEZ	Jupiter
2020 Jun	19	10:55	MESZ	Venus
2020 Dez	14	11:35	MEZ	Merkur
2022 Dez	8	5:26	MEZ	Mars
2023 Nov	9	10:31	MEZ	Venus
2024 Aug	21	5:03	MESZ	Saturn
2024 Dez	18	9:50	MEZ	Mars
2025 Jan	4	18:25	MEZ	Saturn
2025 Sep	19	13:47	MESZ	Venus
2026 Sep	14	13:12	MESZ	Venus
2028 Mai	25	7:57	MESZ	Venus
2031 Jan	20	7:36	MESZ	Jupiter
2031 Apr	24	16:53	MESZ	Saturn
2031 Sep	13	12:17	MESZ	Venus
2032 Jan	10	8:45	MEZ	Venus
2033 Apr	28	12:30	MESZ	Merkur
2033 Nov	20	12:14	MEZ	Merkur
2034 Jun	11	9:42	MESZ	Jupiter

Sonnenfinsternisse

2021 Jun	10	12:30	MESZ	10-30%, partiell
2022 Okt	25	12:15	MESZ	25-40%, partiell
2025 Mär	29	12:15	MEZ	15-30%, partiell
2026 Aug	12	20:13	MESZ	90%, partiell
2027 Aug	2	13:08	MESZ	40–65% partiell
2028 Jan	26	16:50	MEZ	0–55%, partiell
2029 Jun	12	16:50	MESZ	0–20%, partiell
2030 Jun	1	7:15	MESZ	60–70% partiell
2034 Mär	20	11:17	MEZ	10% partiell
2036 Aug	21	19:24	MESZ	während Sonnenuntergang
2037 Jan	16	10:47	MEZ	60% partiell

Planetentransite vor der Sonnenscheibe

2019 Nov	11	13:35–Sonnenuntergang	MEZ	Merkurtransit
2032 Nov	13	7:41 - 12:07	MEZ	Merkurtransit
2039 Nov	7	8:18 - 11:15	MEZ	Merkurtransit

Periodische Meteorströme

Periodische Meteorströme	Zeitraum	Sternbild	Mutterkörper
Quadrantiden	1. Jan–6. Jan	Bärenhüter	vermutlich Komet C/1490 Y1
Lyriden	16. Apr–25. Apr	Leier	Komet Thatcher (C/1861 G1)
Eta-Aquariden	19. Apr–28. Mai	Wassermann	Halleyscher Komet (1P/Halley)

Periodische Meteorströme

Perseiden	17. Jul–24. Aug	Perseus	Komet Swift Tuttle (109P/Swift Tuttle)
Orioniden	2. Okt–7. Nov	Orion	Halleyscher Komet (1P/Halley)
Leoniden	10. Nov–23. Nov	Löwe	Komet Tempel-Tuttle (55P/Tempel-Tuttle)
Geminiden	7. Dez–17. Dez	Zwillinge	Asteroid Phaeton

Glossar

Im Text farblich hervorgehoben sind Begriffe, die im Glossar an dieser Stelle erklärt sind.

Achromat
Objektivlinse mit zwei Einzellinsen aus Gläsern mit-unterschiedlichem Lichtbrechungsverhalten.
21 »Welche Teleskoptypen gibt es?«

Adaption
Anpassung der Sehfähigkeit der Augen an die Dunkelheit.
37 »Das richtige Beobachten«

Aktive Galaxien
Galaxien mit einem besonders hellen Kernbereich, der energiereiche Strahlung aussendet. Ursache sind aktive Schwarze Löcher, die unablässig Materie aufsammeln (akkretieren).
15 »Sind alle Galaxien gleich?«

Albedostrukturen
Strukturen auf Oberflächen von Himmelskörpern, die durch unterschiedlich starke Rückstrahleigenschaften des Materials bei Lichteinfall entstehen, so dass unterschiedlich helle bzw. dunkle Gebiete sichtbar werden.
44 »Mars: Wüste in Rot«

Amiciprisma
Glasprisma, das den am Teleskop austretenden Lichtstrahl um 90° oder 45° ablenkt, die Abbildung wird dabei nicht gespiegelt. Somit ist ein Amiciprisma auch für Erdbeobachtungen geeignet.
23 »Sinnvolles Zubehör für das Teleskop«

Apochromat
Objektivlinse aus zwei oder mehreren Linsen, die aus einem speziellen Glas gefertigt sind, reduziert den Farbfehler (chromatische Aberration) auf ein Minimum.
21 »Welche Teleskoptypen gibt es?«

Äquatorsystem
Sphärisches Koordinatensystem, das die Erdachse bzw. ihre an den Himmel projizierte Verlängerung bezogen ist. Ihre Koordinaten sind Rektaszension und Deklination.
1 »Und sie dreht sich doch«

Asteroid
Kleinkörper im Sonnensystem.
4 »Das Sonnensystem – die Heimat unserer Erde«

Asteroidengürtel
Anhäufung von einigen hunderttausend Kleinkörpern in Umlaufbahnen zwischen Mars und Jupiter.
4 »Das Sonnensystem – die Heimat unserer Erde«

Azimutale Montierung
Teleskopmontierung, bei der eine Achse zum Zenit und die andere Achse zum Horizont ausgerichtet sind. Damit ist der Tubus senkrecht und waagerecht bewegbar.
22 »Die verschiedenen Teleskopmontierungen«

Astrometrischer Doppelstern
Doppelsterne, die an minimalen periodischen Schwankungen ihrer Position in Bezug zu anderen Sternen erkannt werden. Diese werden durch die Bewegung um den gemeinsamen Schwerpunkt hervorgerufen.
11 »Die Farben der Sterne”

Auflösungsvermögen, Auflösung
Die Fähigkeit eines Teleskops, zwei eng zusammenstehende Punkte getrennt voneinander darstellen zu können. Das Auflösungsvermögen steigt mit der Öffnung des Teleskops.
20 »Was kann ein Teleskop?”

Austrittspupille (AP)
Durchmesser des Lichtbündels, das bei einem Teleskop oder Fernglas am Okular austritt. Austrittspupille = Öffnung : Vergrößerung.
19 »Kann ich mit einem Fernglas astronomisch beobachten?«

Äußere Planeten
Planeten unseres Sonnensystems, die sich jenseits des Asteroidengürtels befinden: Jupiter, Saturn, Uranus und Neptun. Alle äußeren Planeten gehören zur Klasse der Gasriesen.
4 »Das Sonnensystem - die Heimat unserer Erde«

Barlowlinse
Linse, die zwischen Okularauszug und Okular montiert wird und die Brennweite des Teleskops verlängert.
23 »Sinnvolles Zubehör für das Teleskop«

Bedeckungsveränderlicher
Doppelsternsystem, dessen Bahnebene so liegt, dass sich von der Erde aus gesehen die Sterne während des Umlaufs gegenseitig bedecken, so dass sich periodisch die Helligkeit verändert.
12 »Sterne sind nicht immer gleich«

Blende
Einstellung einer Kamera, mit der die Menge des einfallenden Lichts durch Veränderung der Objektivöffnung reguliert werden kann. Die Blende wird dabei als Blendenzahl angegeben, d. h. als Verhältnis von Brennweite zu Objektivöffnung, z.B. f/2, f/2,8, f/4, f/5,6, f/8. Eine Halbierung der Blendenzahl z.B. von f/8 auf f/4 bedeutet eine Steigerung der einfallenden Lichtmenge um das Vierfache oder die Reduzierung der Belichtungszeit auf ein Viertel.
38 »Die ersten Astrofotos«

Bogengrad, Bogenminute, Bogensekunde
Abstände am Himmel sind Winkelabstände, sie werden in Bogengrad (°), Bogenminuten (') und Bogensekunden (") angegeben. Ein Bogengrad (1°) entspricht 60 Bogenminuten (60'), eine Bogenminute entspricht 60 Bogensekunden (60").
30 »Wie groß sind die Sternbilder am Himmel?«

Bolide
Sehr heller Meteor; manche Boliden sind farbig, einige verursachen Geräusche. Ein Bolide kann in mehrere Teile zerfallen und eine leuchtende Spur hinterlassen.
8 »Sternschnuppennacht im August«

Bortle-Skala
Skala zur Bestimmung der Himmelsqualität, gemessen an der Sichtbarkeit der Milchstraße.
34 »Wie hell sind die Sterne - wie dunkel ist der Himmel?«

Brauner Zwerg
Sternartiges Objekt mit zu wenig Masse, als dass eine Kernfusion von Wasserstoff zu Helium stattfinden könnte. Diese Objekte stellen somit eine Zwischenstufe zwischen Planeten und Sternen dar.
10 »Lebensweg der Sterne«

Brennpunkt (Fokus)
Punkt, in dem das bilderzeugende Element eines Teleskops – die Linse eines Linsenteleskops oder die Spiegel eines Spiegelteleskops – die Lichtstrahlen vereinigen.
21 »Welche Teleskoptypen gibt es?«

Brennweite
Abstand der Objektivlinse eines Linsenteleskops zum Brennpunkt oder Länge des Lichtweges vom Hauptspiegel zum Brennpunkt bei einem Spiegelteleskop.
38 »Die ersten Astrofotos«

Bulge
Zentrale Verdickung im Zentrum einer Galaxienscheibe.
13 »Weshalb sehen wir die Milchstraße?«

Cassini-Teilung
Lücke im Ringsystem Saturns mit einer Breite von 4700km.
46 »Saturn: Herr der Ringe«

Cepheiden
Untergruppe der Pulsationsveränderlichen. Ihre absolute Helligkeit ist an ihre Periode gekoppelt. Sie dienen in der Astronomie zur Entfernungsbestimmung. Wenn man weiß, wie schnell ein solcher Stern pulsiert, kann man auf seine absolute Helligkeit schließen, und damit seine Entfernung.
12 »Sterne sind nicht immer gleich«

Chromosphäre
Schicht der Sonne, die über der Photosphäre liegt und fließend in die äußerste Schicht der Sonne, die Korona übergeht. Die Chromosphäre und die darauf zu beobachtenden Strukturen wie Protuberanzen oder Flares lassen sich nur mit einem speziellen H-alpha-Filter sichtbar machen.
5 »Warum leuchtet die Sonne?«

Dachkant-Prisma
Prisma mit giebelähnlicher Form. Je nach Prismentyp wird das Bild für eine Bilddrehung von 180° vier- bis sechsmal reflektiert und ein aufrechtes und seitenrichtiges Bild erzeugt.
19 »Kann man mit einem Fernglas astronomisch beobachten?«

Deep-Sky-Objekte
Sternhaufen, Nebel und Galaxien, die außerhalb unseres Sonnensystems und »tiefer« im Weltall liegen (Deep-Sky = »tiefer Himmel«). Auch Doppelsterne und Veränderliche werden zu den Deep-Sky-Objekten gezählt.
37 »Das »richtige Beobachten«

Deklination
siehe Äquatorsystem

Deklinationsachse
Achse, die bei einer parallaktischen Montierung auf den Himmelsäquator gerichtet ist.
22 »Die verschiedenen Teleskopmontierungen«

Deutsche Montierung
Bauart der parallaktischen Montierung, bei der Rektaszensionsachse und Deklinationsachse in Form eines »T« aufgebaut sind. Der waagerechte »T-Strich« entspricht der Deklinationsachse und der senkrechte »T-Strich« der Rektaszensionsachse.
22 »Die verschiedenen Teleskopmontierungen«

Dobson-Montierung
Besondere Form der azimutalen Montierung. Die Basis dieser Konstruktion ist eine Art Holzkiste, die Rockerbox, die auf einer Grundplatte rotierbar montiert ist.
22 »Die verschiedenen Teleskopmontierungen«

Doppelstern
System aus zwei oder mehreren Sternen, die entweder gemeinsam einen Schwerpunkt umkreisen oder nur scheinbar am Himmel aufgrund der Perspektive zusammenstehen.
11 "Die Farben der Sterne"

Dunkelbild
Aufnahme eines digitalen Bildsensors, die nur das Sensorrauschen zeigt. Das Dunkelbild wird bei einer Digitalkamera mit abgedeckten Objektiv und gleicher Belichtungszeit, am besten unmittelbar nach Belichtung der eigentlichen Aufnahme, angefertigt. Durch Abzug des Dunkelbilds mit einer entsprechenden Bildbearbeitungssoftware kann das Rauschen der Originalaufnahme verringert werden.
38 »Die ersten Astrofotos«

Dunkelnebel
Staubregion im interstellaren Raum, die das Licht dahinter liegender Objekte abschwächt und nicht selbst leuchtet.
5 »Warum leuchtet die Sonne?«

Dunkle Energie
Noch unbekannte Form der Energie, die eine beschleunigte Ausdehnung des Universums verursacht.
17 »Wie entstand das Universum?«

Eigengesichtsfeld
siehe Gesichtsfeld (scheinbares)

Ekliptik
Scheinbare Bahn, auf der sich die Sonne im Jahreslauf über den Himmel bewegt. Auch die Planeten folgen annähernd der Ekliptik.
1 »Und sie dreht sich doch«

Elongation
Von der Erde aus gesehener Winkelabstand eines Planeten von der Sonne. Steht der Planet östlich von der Sonne, spricht man von östlicher Elongation, und der Planet geht nach der Sonne am Abendhimmel unter. Steht der Planet westlich der Sonne wird die Stellung als westliche Elongation bezeichnet, und der Planet geht vor der Sonne am Morgenhimmel auf.
43 »Venus: Morgen- und Abendstern«

Emission
Abgabe von elektromagnetischer Strahlung. Werden Atome oder Moleküle durch Strahlung oder Stöße angeregt oder gar ionisiert, kehren sie anschließend unter Abgabe elektromagnetischer Strahlung wieder in einen energieärmeren Zustand zurück. Dabei wird eine für das Atom oder Molekül charakteristische Menge an "Licht" abgegeben, die im Spektrum als Emissionslinie sichtbar wird.
6 »Eine Polarlichtnacht«

Emissionsnebel
Wolke aus interstellarem Gas und Staub, die durch sich in der Nähe befindliche heiße Sterne zum Leuchten angeregt wird.
10 »Lebensweg der Sterne«

Eruptionsveränderlicher
Veränderliche Sterne, die ihre Helligkeit ausbruchartig, manchmal innerhalb weniger Tage um das Millionenfache steigern. Diese Ausbrüche sind nicht vorhersagbar und folgen keiner genauen Periode.
12 »Sterne sind nicht immer gleich«

Exobiologie
Wissenschaft, die sich mit der möglichen Entstehung von Leben außerhalb der Erde befasst.
18 »Gibt es noch eine andere Erde?«

Exoplanet
Planet, der nicht zu unserem Sonnensystem gehört, sondern einen anderen Stern umkreist.
18 »Gibt es noch eine andere Erde?«

Fadenkreuzokular
Spezielles Okular, das beim Durchblick ein Fadenkreuz zum genauen Anpeilen zeigt. So kann z.B. ein bestimmter Stern mittig im Gesichtsfeld gehalten werden.
38 »Die ersten Astrofotos«

Fangspiegel
Spiegelelement eines Spiegelteleskops, welches das vom Hauptspiegel reflektierte Licht, zum Okular lenkt.
21 »Welche Teleskoptypen gibt es?«

Farbfehler (chromatische Aberration)
Abbildungsfehler von optischen Linsen. Bei der Durchquerung eines Glaskörpers wird das Licht je nach seiner Farbe – blau mehr als rot – geringfügig aus seiner Richtung abgelenkt.
21 »Welche Teleskoptypen gibt es?«

Field-Sweeping
Technik bei der Beobachtung von Deep-Sky-Objekten. Während der Beobachtung wird das Teleskop sanft hin und her bewegt oder angestoßen, so dass das anvisierte Ziel sich im Okular hin und her bewegt.
37 »Das »richtige Beobachten«

Filament
Ausbrüche von Sonnenmaterie, die vor der Sonnenscheibe im H-alpha-Licht erkennbar sind. Im Gegensatz zu den hellen Protuberanzen erscheinen Filamente dunkler als die Sonnenscheibe.
42 »Die Sonne beobachten«

Flächenhelligkeit
Helligkeit eines ausgedehnt erscheinenden Himmelsobjekts. Anschaulich geht man von der Vorstellung aus, dass eine Punktquelle mit ihrer Gesamthelligkeit auf eine Bezugsfläche am Himmel gleichmäßig verteilt wird. Die Maßeinheit der Flächenhelligkeit ist daher Größenklassen/Bezugsfläche. Übliche Bezugsflächen sind die Quadratbogenminute und die Quadratbogensekunde. Daraus ergeben sich die Einheiten mag/arcmin^2 und mag/arcsec^2.
Umrechnung: Flächenhelligkeit in (mag/acrcsec^2) = Flächenhelligkeit in (mag/arcmin^2 Flächenhelligkeit) + 8,89.
34 »Wie hell sind die Sterne – wie dunkel ist der Himmel?«

Flare
Sonneneruption mit erhöhter Temperatur und starkem Helligkeitsanstieg im Bereich der Chromosphäre.
5 »Warum leuchtet die Sonne?«

Förderliche Vergrößerung
Vergrößerung, ab der das Auflösungsvermögen eines Teleskops genutzt wird. Bei dieser Vergrößerung zeigt das Teleskop die beste Abbildung. Förderliche Vergrößerung = Öffnung in mm : 0,7.
20 »Was kann ein Teleskop?«

Fraunhofer-Achromat
Objektivlinse aus zwei Einzellinsen, die durch einen Luftspalt voneinander getrennt sind.
21 »Welche Teleskoptypen gibt es?«

Frühlingspunkt
Nullpunkt der Koordinate der Rektaszension im Äquatorsystem. Dort befindet sich die Sonne zu Frühlingsbeginn.
1 »Und sie dreht sich doch«

Galaktischer Nebel
Gas- und Staubwolken der Milchstraße wie Reflexionsnebel, Emissionsnebel und Dunkelnebel mit Ausnahme der Planetarischen Nebel.
49 »Portrait: die Galaktischen Nebel M 42 und M 1

Galaxie
Ansammlung von mehreren hundert Millionen bis zu rund einer Billion Sternen, die gemeinsam ein Zentrum umkreisen.
13 »Weshalb sehen wir die Milchstraße?«

Galaxienhaufen
Ansammlungen von bis zu mehreren tausend Galaxien, die durch ihre Gravitation miteinander verbunden sind.
17 »Wie entstand das Universum?«

Galaxis
Unsere Milchstraße, eine Ansammlung von einigen 100 Milliarden Sternen, die gemeinsam ein Zentrum umkreisen.
13 »Weshalb sehen wir die Milchstraße?«

Gasriese
Planet ohne feste Oberfläche mit der vielfachen Größe der Erde, z.B. Jupiter.
45 »Jupiter: der Riese unseres Sonnensystems«

Gasschweif
siehe Schweif

Galileische Monde
Die vier größten Monde Jupiters: Io, Europa, Ganymed und Kallisto. Sie werden nach Ihrem Entdecker, dem Astronomen Galileo Galilei, benannt.
45 »Jupiter: der Riese unseres Sonnensystems«

Geostationäre Umlaufbahn
Umlaufbahn eines Satelliten, bei der der künstliche Himmelkörper die Erde genau so schnell umrundet, wie diese sich dreht. Dadurch scheint der Satellit über einem bestimmten Punkt der Erde stillzustehen.
40 »Satelliten – künstliche Lichter am Himmel«

Geometrischer Doppelstern
Doppelsterne, deren Komponenten zwar räumlich eng beieinander stehen, aber nicht dauerhaft aneinander gebunden sind - also sich nicht gegenseitig umkreisen.
11 »Die Farben der Sterne«

Gesichtsfeld, scheinbares
Sehfeld, das beim Blick durch ein Okular sichtbar wird. Das typische Gesichtsfeld eines Plössl-Okulars beträgt 50°, das eines typischen Weitwinkelokulars etwa 70°. Das scheinbare Gesichtsfeld ist meist auf dem Okulargehäuse gekennzeichnet.
35 »Wie finde ich Himmelsobjekte mit dem Teleskop?«

Gesichtsfeld, tatsächliches oder wahres
Himmelsausschnitt, der beim Blick durch ein Okular sichtbar wird. Die Größe des Gesichtsfelds ist abhängig von der Vergrößerung und dem verwendeten Okulartyp. Tatsächliches Gesichtsfeld = scheinbares Gesichtsfeld : Vergrößerung.
35 Wie finde ich Himmelsobjekte mit dem Teleskop?«

GoTo-Teleskop
Computergesteuertes Teleskop, das Himmelsobjekte automatisch aufsuchen und anfahren kann.
26 »Was ist ein GoTo Teleskop?«

Granulation
Gekörnte Struktur der Sonnenoberfläche. Diese Struktur entsteht durch das Aufsteigen großer Gasblasen aus dem Sonneninneren an die Oberfläche.
5 »Warum leuchtet die Sonne?«

Gravitation
Anziehungskraft zwischen Materieteilchen (von lateinisch gravitas = Schwere)
10 »Lebensweg der Sterne«

Grenzgröße
Helligkeit des schwächsten mit dem bloßen Auge sichtbaren Sterns am Beobachtungsstandort. Die Grenzgrößen-Bestimmung wird auch fst-Bestimmung oder faintest-star-Bestimmung (engl. schwächster Stern) genannt
34 »Wie hell sind die Sterne - wie dunkel ist der Himmel?«

Großer Roter Fleck (GRF)
Etwa 28.000km × 14.000km großer Wirbelsturm in der Atmosphäre Jupiters, der im Teleskop eine blasse rötlich-orange Färbung zeigen kann.
45 »Jupiter: der Riese unseres Sonnensystems«

Größenklasse (lat. Magnitudo)
Maßeinheit für die scheinbare Helligkeit oder die absolute Helligkeit von Himmelskörpern. Das Kürzel dafür ist »mag« oder »m« für die scheinbare Helligkeit bzw. »M« für die absolute Helligkeit. Je größer der Wert der Größenklasse, desto schwächer erscheint ein Himmelskörper. Sirius, der hellste Stern am Himmel, hat die Größenklasse $-1^m,4$, Wega 0^m und der Polarstern 2^m. Die schwächsten mit dem bloßen Auge sichtbaren Sterne erreichen etwa 6^m.
34 »Wie hell sind die Sterne - wie dunkel ist der Himmel?«

HII-Region
Region aktiver Sternentstehung, die große Mengen an ionisiertem Wasserstoff enthält.
15 »Sind alle Galaxien gleich?«

Halbschatten
Randlicher Bereich des Schattenkegels, in das noch Sonnenlicht gelangt. Während einer Sonnenfinsternis ist im Bereich des Halbschattens die Sonne nur teilweise verfinstert und wird mehr oder weniger sichelförmig vom Mond bedeckt. Durchläuft der Mond während einer Mondfinsternis nur den Bereich des Halbschattens der Erde, wird seine Helligkeit kaum merklich verringert.
7 »Sonne und Mond im Dunkeln

Halo
Hier kugelförmiger Raum, der eine Galaxie umgibt. Im Halo befinden sich Kugelsternhaufen auf ihren Bahnen um das Zentrum der Galaxie.
13 »Weshalb sehen wir die Milchstraße?«

H-alpha-Filter
Filter, der nur das rote Licht der Wasserstoff-Emissionslinie bei 656,28 Nanometer passieren lässt. Mit diesem Filter wird die Chromosphäre der Sonne sichtbar, die im H-alpha-Licht leuchtet und sonst vom hellen Licht der Photosphäre überstrahlt wird.
25 »Sichere Sonnenbeobachtung«

Hauptreihe
Bereich im Hertzsprung-Russell-Diagramm (HRD), in dem sich ca. 90% der Sterne befinden. Sie markiert einen bestimmten Zusammenhang zwischen Leuchtkraft und Temperatur eines Sterns, der charakteristisch für die Phase des »Wasserstoffbrennens« (Fusion von Wasserstoff zu Helium) ist. Unsere Sonne ist ebenfalls ein typischer Hauptreihenstern.
11 »Die Farben der Sterne«

Hauptspiegel
Element eines Spiegelteleskops, welches das Licht sammelt.
21 »Welche Teleskoptypen gibt es?«

Helium
Chemisches Element mit dem Elementsymbol »He«, zweithäufigstes Element im Universum, welches zuerst auf der Sonne entdeckt wurde.
5 »Warum leuchtet die Sonne?«

Helligkeit, absolute (tatsächliche)
Helligkeit von Sternen, bezogen auf eine Normdistanz von 10 Parsec. Damit ist es möglich die wirkliche Helligkeit eines Sterns unabhängig von seiner tatsächlichen Entfernung anzugeben. Die absolute Helligkeit wird in Größenklassen mit dem Kürzel »Mag« oder »M« (von lat. Magnitudo) angegeben.
34 »Wie hell sind die Sterne - wie dunkel ist der Himmel?«

Helligkeit, scheinbare
Helligkeit, mit der ein Himmelskörper dem Betrachter von der Erde aus gesehen erscheint. Die scheinbare Helligkeit wird in Größenklassen mit dem Kürzel »mag« oder »m« (von lat. Magnitudo) angegeben und ändert sich mit der Entfernung des Himmelskörpers.
34 »Wie hell sind die Sterne - wie dunkel ist der Himmel?«

Hemisphäre
Durch den Äquator getrennte nördliche oder südliche Halbkugel der Erde oder eines Himmelskörpers.
2 »Der Sonnenlauf am Himmel«

Herschelprisma
Gerät zur Beobachtung der Sonne im Weißlicht. Beim Auftreffen auf einen keilförmigen Glaskörper im Winkel von 45° werden ca. 4% zum Okular reflektiert, der Rest tritt an der hinteren Seite aus.
42 »Die Sonne beobachten«

Himmelsäquator
Alle Punkte am Himmel mit einer Deklination von 0°. Der Himmelsäquator bezeichnet den an den Himmel projizierten irdischen Äquator.
1 »Und sie dreht sich doch«

Himmelsrichtung
Richtung im Bezug zur Erdachse. Die vier Haupthimmelsrichtungen sind Norden (N) in Richtung Nordpol, Süden (S) in Gegenrichtung, Osten (O) in Rotationsrichtung der Erde (zum Sonnenaufgang), Westen (W) gegen die Rotationsrichtung (zum Sonnenuntergang)
29 »Die drehbare Sternkarte: alle Sternbilder im Griff«

Himmelspole
Punkte am Himmel, auf die die Erdachse nach Norden, bzw. nach Süden verlängert zeigt. Nahe am nördlichen Himmelspol steht der Polarstern.
1 »Und sie dreht sich doch«

Horizontsystem
Sphärisches Koordinatensystem, das den Horizont als Bezugsebene verwendet. Seine Koordinaten sind Azimut und Höhe.
22 »Die verschiedenen Teleskopmontierungen«

Hubble-Klassifikation
Nach dem amerikanischen Astronomen Edwin Hubble benannte Einteilung von Galaxien nach deren Erscheinungsform.
15 »Sind alle Galaxien gleich?«

Huygens-Okular
Einfaches zweilinsiges Okular, das besonders für niedrige Vergrößerungen oder für die Sonnenprojektion geeignet ist. Die Abkürzung »H« auf einem Okular steht für Huygens.
25 »Sichere Sonnenbeobachtung«

Indirektes Sehen
Technik bei der Beobachtung von Himmelsobjekten. Man schaut nicht direkt auf das Objekt, sondern leicht daran vorbei. Dadurch entsteht das Bild auf der Netzhaut in einem Bereich, wo lichtempfindlichere Sehzellen sitzen.
37 »Das richtige Beobachten«

Infrarot
Elektromagnetische Strahlung mit einer Wellenlänge von 780nm bis 1mm, die im Spektrum zwischen dem sichtbaren Licht und der Mikrowellenstrahlung liegt.
11 »Die Farben der Sterne«

Innere Planeten
Planeten unseres Sonnensystems, die sich innerhalb des Asteroidengürtels befinden: Merkur, Venus, Erde und Mars. Alle inneren Planeten sind auch terrestrische Planeten.
4 »Das Sonnensystem - die Heimat unserer Erde«

Iridiumflare
Leuchterscheinung am Himmel, die durch eine Spiegelung der Sonne in den Antennen der sog. Iridiumsatelliten verursacht wird.
40 »Satelliten – künstliche Lichter am Himmel«

ISO
Internationale Organisation für Normung, deren Standards mit dem Kürzel »ISO« versehen werden. ISO-Einheiten gelten z.B. für die Lichtempfindlichkeit eines Films oder die entsprechende Lichtempfindlichkeit der Sensoren von digitalen Kameras.
38 »Die ersten Astrofotos«

ISS (International Space Station)
Internationale Raumstation, die die Erde in einer Umlaufbahn von etwa 350km Höhe umkreist.
40 »Satelliten – künstliche Lichter am Himmel«

Jahrbuch, astronomisches
Jährlich erscheinendes Nachschlagewerk, in dem die Himmelsereignisse eines Jahres aufgezeigt werden.
12 »Sterne sind nicht immer gleich«

Joule (Wattsekunde)
Die Energie, die benötigt wird, um für die Dauer einer Sekunde die Leistung von einem Watt aufzubringen.
5 »Warum leuchtet die Sonne?«

Justierlaser
Laserpointer zum Justieren von Newton-Spiegelteleskopen. Ein Laserstrahl wird dabei vom Okularauszug über den Fangspiegel auf den Hauptspiegel abgelenkt. Ist das Teleskop einwandfrei justiert, wird der Laserstrahl vom Hauptspiegel auf die gleiche Stelle des Fangspiegels reflektiert.
23 »Sinnvolles Zubehör für das Teleskop«

Katadioptrisches Teleskop
Teleskop, das mit Hilfe einer Linse und eines Spiegels das Licht sammelt und in einem Brennpunkt vereinigt.
21 »Welche Teleskoptypen gibt es?«

Kelvin
Maßeinheit für die Temperatur. Die Kelvinskala besitzt die gleiche Gradeinteilung wie die Celsiusskala. Allerdings ist der Nullpunkt bei der Kelvinskala zum absoluten Nullpunkt hin verschoben:
0 K = -273,15 °C
273,15 K = 0 °C.
11 »Die Farben der Sterne«

Kernfusion
Reaktion auf atomarer Ebene, bei der zwei Atomkerne zu einem einzigen neuen Kern vereinigt werden, z.B. werden in der Sonne in einem mehrstufigen Prozess vier Wasserstoffatome zu einem Heliumatom »verschmolzen«.
5 »Warum leuchtet die Sonne?«

Kernschatten
Zentraler Bereich des Schattenkegels, in den kein Sonnenlicht gelangt.
7 »Sonne und Mond im Dunkeln"

Kleinkörper
Alle Objekte im Sonnensystem, die die Sonne umkreisen und die nicht zu den Planeten oder Zwergplaneten gehören.
4 »Das Sonnensystem - die Heimat unserer Erde«

Koma
Diffus leuchtende Wolke aus Gas und Staubpartikeln, die den Kern eines Kometen umgibt.
9 »Kometen: Vagabunden im Sonnensystem«

Komet
Objekt unseres Sonnensystems aus gefrorenen Gasen und Staub, das bei Annäherung an die Sonne einen typischen Schweif ausbildet.
9 »Kometen: Vagabunden im Sonnensystem«

Konjunktion
Scheinbare Begegnung zweier Planeten oder eines Planeten mit Sonne oder Mond am Himmel.
44 »Mars: Wüste in Rot«

Korrektorplatte
Linsenelement am vorderen Ende eines Katadioptrischen Teleskops, das die Abbildungsfehler des Hauptspiegels korrigiert.
21 »Welche Teleskoptypen gibt es?«

Korona
Äußerster Bereich der Sonne direkt über der Chromosphäre. Die Korona wird als heller Strahlenkranz während einer totalen Sonnenfinsternis sichtbar.
5 »Warum leuchtet die Sonne?«

Kosmologie
Die Erforschung des Ursprungs und der Entwicklung des Universums insgesamt. Sie beinhaltet sowohl Themen der Physik als auch Aspekte der Philosophie.
17 »Wie entstand das Universum?«

Krater
Durch Einschläge von Meteoriten entstandene Vertiefungen auf dem Mond, der Erde oder anderem festen Himmelskörpern des Sonnensystems.
41 »Sightseeing auf dem Mond«

Kugelspiegel
Teleskopspiegel in sphärischer Form. Im Gegensatz zu einem parabolisch geschliffenen Spiegel sammelt ein sphärisch geschliffener Spiegel die einfallenden Lichtstrahlen nicht genau in einem Punkt, so dass die Abbildung im Teleskop, besonders bei hohen Vergrößerungen, unscharf wird.
21 »Welche Teleskoptypen gibt es?«

Kugelsternhaufen
Kugelförmige Ansammlung von sehr alten Sternen, die gemeinsam die Milchstraße umkreisen. Kugelsternhaufen können bis zu mehrere Millionen Mitglieder besitzen und viele Milliarden Jahre alt sein, sie gehören damit zu den ältesten Objekten in unserer Milchstraße.
14 »Haufenweise Sterne«

Kuipergürtel
Ansammlung von Objekten jenseits der Neptunbahn aus der Entstehungszeit des Sonnensystems wie Planetesimale oder Kometen.
4 »Das Sonnensystem – die Heimat unserer Erde«

Leere Vergrößerung
Vergrößerung, die über der Maximalvergrößerung eines Teleskops liegt. Die Abbildung wird dabei in der Regel unscharf und kontrastarm.
20 »Was kann eine Teleskop?«

Leuchtkraft
Einteilung der Sterne nach ihrer Leuchtkraft. Bezeichnet den Entwicklungszustand eines Sterns, gemeinsam mit der Spektralklasse können damit Sterne nach ihren physikalischen Eigenschaften kategorisiert werden.
11 »Die Farben der Sterne«

Leuchtkraftklasse
Entwicklungszustand eines Sterns, gemeinsam mit der Spektralklasse können damit Sterne nach ihren physikalischen Eigenschaften kategorisiert werden.
11 »Die Farben der Sterne«

Leuchtpunktsucher
Peilvorrichtung am Teleskop zum Anvisieren von Himmelsobjekten, bei der man durch eine Scheibe blickt, auf die ein roter Leuchtpunkt oder verschieden große Kreise projiziert werden.
24 »Der Sucher: ein Muss am Teleskop«

Libration
Periodische Schwankungen der Blickrichtung auf die Mondoberfläche, die es ermöglichen, etwas mehr als die Hälfte der uns zugewandten Seite des Mondes von der Erde aus zu sehen.
3 »Die Gesichter des Mondes«

Lichtgeschwindigkeit
Geschwindigkeit, mit der sich das Licht bewegt. Die Lichtgeschwindigkeit beträgt im Vakuum konstant 299.792 km/s.
16 »Wie weit entfernt ist die Andromedagalaxie?«

Lichtjahr
Die Entfernung, die das Licht innerhalb eines Jahres zurücklegt. 1 Lichtjahr = 9,46 Billionen Kilometer.
16 »Wie weit entfernt ist die Andromedagalaxie?«

Lichtsammelvermögen
Die Fähigkeit eines Teleskops, Licht zu sammeln.. Das Lichtsammelvermögen steigt mit der Öffnung des lichtsammelnden Elements – der Linse eines Linsenteleskops oder dem Hauptspiegel eines Spiegelteleskops.
20 »Was kann ein Teleskop?«

Lichtverschmutzung
Aufhellung des Nachthimmels durch künstliche Beleuchtung von Straßenlaternen, Lichtreklamen, Flutlichtanlagen, Industrieanlagen etc.
33 »Ein optimaler Beobachtungsplatz«

Linsenteleskop
siehe Refraktor

Lunation
Kompletter Ablauf aller Mondphasen von einem Neumond zum nächsten. Die mittlere Dauer der Lunation wird synodischer Monat genannt.
3 »Die Gesichter des Mondes«

Lucky Imaging
Methode, bei der aus mehreren tausend kurz belichteter Einzelbilder mittels einer speziellen Software die schärften Aufnahmen automatisch herausgesucht werden.
39 »Mit der Kamera auf Planetenjagd«

Maksutov-Teleskop
Kompakte Bauart eines Spiegelteleskops, welches zusätzlich zum - mit einer zentralen Öffnung versehenen - Hauptspiegel am vorderen Ende des Tubus ein Linsenelement, eine meniskusförmige Korrektorplatte besitzt. Der Okularauszug befindet sich im Gegensatz zum Newton-Spiegelteleskop am hinteren Ende des Tubus. Der Fangspiegel ist bei diesem System auf der Rückseite der Korrektorplatte befestigt.
21 »Welche Teleskoptypen gibt es?«

Mare
Ausgedehnte große Ebenen auf der Mondoberfläche. Die Mare sind ehemalige Einschlagbecken gewaltiger Meteoriteneinschläge, die nach und nach mit Magma aus dem Mondinneren überflutet wurden.
41 »Sightseeing auf dem Mond«

Massendifferenz
Unterschied der Masse bei der Kernfusion von Wasserstoff zu Helium zwischen dem neu entstandenen Kern und der Ursprungsmasse der Ausgangskerne. Diese Massendifferenz wird nach der Formel $E=m \cdot c^2$ (Energie = Masse · Lichtgeschwindigkeit^2) als Energie freigesetzt.
5 »Warum leuchtet die Sonne?«

Maximalvergrößerung, maximale Vergrößerung
Sinnvolle höchste Vergrößerung eines Teleskops. Faustregel: Öffnung in mm × 2. Über die Maximalvergrößerung hinaus zeigt ein Teleskop keine weiteren Details.
20 »Was kann eine Teleskop?«

Meridian
Linie, die die Himmelskugel in zwei Hälften senkrecht zum Horizont teilt. Er verläuft durch den Südpunkt und den Nordpunkt des Horizonts, erreicht den höchsten Punkt genau über dem Beobachter (Zenit).
2 »Der Sonnenlauf am Himmel«

Meteoroid
Kleine Objekte unseres Sonnensystems, die sich in einer Umlaufbahn um die Sonne befinden. Die Größe reicht von der eines Staubkorns bis hin zu einigen Kilometern Durchmesser. Trifft ein kleiner Meteoroid auf die Atmosphäre der Erde, verglüht er meistens. Die dabei entstehende Leuchtspur sehen wir als Sternschnuppe oder Meteor. In dem Fall, dass ein Meteoroid so groß ist, das er nicht vollständig verglüht und die Erdoberfläche erreicht, heißt er Meteorit.
8 »Sternschnuppennacht im August«

Meteorstrom
Gehäufte Anzahl der sichtbaren Meteore (Sternschnuppen). Das ist dann der Fall, wenn die Erde auf ihrem Weg um die Sonne die Bahnen von Kometen kreuzt, welche eine Spur aus Staubpartikeln hinterlassen. Bestimmte Meteorströme erscheinen deshalb jedes Jahr zur gleichen Zeit, z.B. die Perseiden im August.
8 »Sternschnuppennacht im August«

MEZ (Mitteleuropäische Zeit)
Die für den deutschsprachigen Raum (und Mitteleuropa) gültige Zeitzone. Die Differenz zur Weltzeit (UTC) beträgt +1 Stunde. Während der Mitteleuropäischen Sommerzeit (MESZ) - vom letzten Sonntag des Monats März bis zum letzten Sonntag des Monats Oktober - beträgt die Differenz +2 Stunden.
29 »Die drehbare Sternkarte: alle Sternbilder im Griff«

Milchstraße
siehe Galaxis

Mikrowellen
Elektromagnetische Strahlung mit einer Wellenlänge von 1mm bis 1m, Mikrowellen finden z.B. im Mobilfunk und im Mikrowellenherd Anwendung.
17 »Wie entstand das Universum«

Mini-Neptun
Extrasolarer Planet, kleiner als Uranus und Neptun mit bis zu zehn Erdmassen, auch Gaszwerg genannt.
18 »Gibt es noch eine andere Erde?«

Mondalter
Fortschritt der Mondphasen, gezählt in Tagen. Die Zählung beginnt beim 1. Tag nach Neumond (1d)

und endet am 29. Tag nach Neumond (29d). Danach beginnt die Zählung von vorne.
3 »Die Gesichter des Mondes«

Mondfinsternis
Ereignis, bei dem der Vollmond für bis zu einige Stunden den weit in den Weltraum reichenden Erdschatten durchläuft und dadurch verfinstert wird.
7 »Sonne und Mond im Dunkeln«

Mondknoten
Schnittpunkte der Mondbahn mit der Erdbahnebene. Die Ebene der Mondbahn ist um 5° gegen die Erbahn geneigt.
7 »Sonne und Mond im Dunkeln«

Mondphasen
Die unterschiedliche Gestalt des Mondes aufgrund der Beleuchtung durch die Sonne während einer Erdumkreisung.
3 »Die Gesichter des Mondes«

Montierung
Halterung, auf der das Teleskop zum Anpeilen und zur Nachführung von Himmelsobjekten montiert wird.
22 »Die verschiedenen Teleskopmontierungen«

Nebelfilter
Filter, die nur einen bestimmten Teil des Lichts passieren lassen, z.B. wird das den Himmel aufhellende Licht von Straßenbeleuchtungen wie Leuchtstoffröhren oder Niederdruck-Natriumdampflampen herausgefiltert und typische Emissionslinien von Himmelsobjekten durchgelassen. Planetarische Nebel und Galaktische Nebel erscheinen damit kontrastreicher. Nebelfilter sind ungeeignet für die Beobachtung von Sternhaufen und Galaxien.
23 »Sinnvolles Zubehör für das Teleskop«

Neumond
Von der Erde aus unsichtbare Mondscheibe. Zur Neumondphase steht der Mond während seines Erdumlaufs zwischen Sonne und Erde. Mond und Sonne befinden sich in Konjunktion. In dieser Konstellation kann es zu einer Sonnenfinsternis kommen.
7 »Sonne und Mond im Dunkeln«

Neutraldichte (ND)
Wirkungsgrad eines Sonnenfilters; zum Beispiel dämpft ein Filter mit der neutralen Dichte 5 die Lichtstärke um den Faktor 100.000 (10^5), ein Filter mit der neutralen Dichte 4 um den Faktor 10.000 (10^4)
25 »Sichere Sonnenbeobachtung«

Neutronenstern
Endstadium eines Sterns mit einer Kernmasse von mehr als der 1,4-fachen Sonnenmasse. Ein Neutronenstern besteht aus extrem komprimierter Materie und besitzt einen Durchmesser von nur noch etwa 20 Kilometern.
10 »Lebensweg der Sterne«

Newton-Spiegelteleskop
Bauart eines Spiegelteleskops mit einem Hauptspiegel am hinteren Ende des Tubus, der das Licht sammelt, und einem planen Fangspiegel vorne im Tubus, der das vom Hauptspiegel reflektierte Licht seitlich in den Okularauszug ablenkt.
21 »Welche Teleskoptypen gibt es?«

Obere Konjunktion
Position eines Planeten innerhalb der Erdbahn, in der er sich von der Erde aus gesehen hinter der Sonne befindet.
43 »Venus: Morgen- und Abendstern«

Objektiv
Teil der Optik, der das Licht sammelt und die Abbildung eines Objektes erzeugt.
39 »Mit der Webcam auf Planetenjagd«

Objektivlinse
Optisches Element eines Linsenteleskops oder Kameraobjektives, welches das Licht sammelt und in einem Brennpunkt vereinigt. Die Objektivlinse befindet sich am vorderen Ende des Tubus.
21 »Welche Teleskoptypen gibt es?«

Offener Sternhaufen
Ansammlung von bis zu mehren tausend noch jungen Sternen in der Ebene der Galaxienscheibe.
14 »Haufenweise Sterne«

Öffnung
Durchmesser der lichtsammelnden Fläche, meist des lichtsammelnden Elements - der Linse bei einem Linsenteleskop oder dem Hauptspiegel bei einem Spiegelteleskop.
20 »Was kann ein Teleskop?«

Ökosphäre
Abstandsbereich eines Planeten um seine Zentralsonne, in dem Wasser in flüssiger Form dauerhaft vorhanden sein kann, auch habitable Zone genannt.
18 »Gibt es noch eine andere Erde?«

Okular
Optisches Element, mit dem das in der Brennebene des Teleskops entstehende Bild vergrößert wird. Die Vergrößerung wird durch die Wahl der Brennweite des Okulars bestimmt.
23 »Sinnvolles Zubehör für das Teleskop«

Okularauszug
Aufnahmevorrichtung der Okulare am Teleskop. Bei einem Linsenteleskop und bei einem katadioptrischen Teleskop befindet sich der Okularauszug am hinteren Ende des Tubus und bei einem Newton-Spiegelteleskop seitlich am vorderen Ende des Tubus.
21 »Welche Teleskoptypen gibt es?«

Okularsonnenfilter
Filter zur Beobachtung der Sonne, der vor das Okular geschraubt wird. Diese Filter sind in der Anwendung sehr gefährlich, da sie sich während der Beobachtung stark erhitzen und platzen können. Das ungefilterte Sonnenlicht würde das Auge unmittelbar schädigen.
25 »Sichere Sonnenbeobachtung«

Oortsche Wolke
Großer kugelförmiger Bereich des äußeren Sonnensystems mit Überbleibseln aus seiner Entstehungszeit mit einem Durchmesser von 100.000 Astronomischen Einheiten (AE), Reservoir für Kometen.
4 »Das Sonnensystem – die Heimat unserer Erde«

Opposition
Position, bei der ein Himmelskörper unseres Sonnensystems von der Erde aus gesehen in entgegengesetzter Richtung zur Sonne steht.
44 »Mars: Wüste in Rot«

Ortszeit, mittlere
siehe Sonnenzeit (mittlere)

Ortszeit, wahre
siehe Sonnenzeit (wahre)

Parallaktische Montierung (äquatoriale Montierung)
Montierung, bei der eine der beiden Achsen, die Rektaszensionsachse zum Himmelspol gerichtet ist; die andere Achse, die Deklinationsachse, auf den Himmelsäquator.
22 »Die verschiedenen Teleskopmontierungen«

Parsec
Einheit, mit der Entfernungen im Weltall gemessen werden. Ein Parsec ist die Entfernung, aus der der Erdbahnradius, also 1 Astronomische Einheit, unter einem Winkel von einer Bogensekunde erscheint.
1 Parsec = 3,262 Lichtjahre
1 Megaparsec = 3,262 Millionen Lichtjahre
16 »Wie weit entfernt ist die Andromedagalaxie?«

piggyback
Methode in der Astrofotografie, bei der die Kamera »huckepack« (engl. piggyback) auf dem Teleskop montiert wird.
38 »Die ersten Astrofotos«

Photometrischer Doppelstern
Doppelstern, der aufgrund periodischer Helligkeitsschwankungen als solcher erkannt wird, wenn sich aus unserer Perspektive die Sterne gegenseitig bedecken und dadurch die Gesamthelligkeit im Rhythmus der Umlaufperiode verringert.
11 »Die Farben der Sterne«

Photosphäre
Die für uns sichtbare Oberflächen-Schicht der Sonne. Hier wird die Energie zum großen Teil als sichtbares Licht abgestrahlt.
5 »Warum leuchtet die Sonne?«

Physischer Doppelstern
Doppelstern, in dem die Komponenten durch ihre Gravitation aneinander gebunden sind und dauerhaft einen gemeinsamen Schwerpunkt umkreisen.
11 »Die Farben der Sterne«

Planet
Himmelskörper in einer Umlaufbahn um die Sonne mit ausreichend großer Masse, um sich zu einer kugelförmigen Gestalt zusammenzuziehen. Ein Planet beeinflusst die Umgebung seiner Umlaufbahn derart, dass diese frei von anderen Objekten ist.
4 »Das Sonnensystem - die Heimat unserer Erde«

Planetesimale
Zusammenballungen von Materie, aus denen Planeten entstehen können.
4 »Das Sonnensystem - die Heimat unserer Erde«

Planetarischer Nebel
Überrest der abgestoßenen äußeren Gashülle eines Roten Riesen mit einer Masse bis etwa 8 Sonnenmassen.
10 »Lebensweg der Sterne«

Protoplanetare Scheibe
Flache Scheibe aus Staub und Gas, die sich um einen jungen Stern bildet. Aus der protoplanetaren Scheibe können später Planeten hervorgehen.
4 »Das Sonnensystem - die Heimat unserer Erde«

Protuberanz
Ausbrüche von Sonnematerie, die am Rand der Sonnenscheibe als typische bogen- oder fächerförmige Strukturen im H-alpha-Licht erkennbar sind.
5 »Warum leuchtet die Sonne?«

Polare Umlaufbahn
Umlaufbahn eines Satelliten, die über die beiden Erdpole verläuft.
40 »Satelliten – künstliche Lichter am Himmel«

Polarlicht (Nordlicht, Südlicht)
Farbige Leuchterscheinung am Nachthimmel in Form von Bögen, Strahlen und Schleifen. Auf der Nordhalbkugel der Erde wird sie als Nordlicht, Aurora borealis, und auf der Südhalbkugel als Aurora australis bezeichnet.
6 »Eine Polarlichtnacht«

Porro-Prisma
Prismensystem aus zwei hintereinander montierten Glasprismen, die durch viermalige Totalreflexion eine Bilddrehung von 180° bewirken, so dass ein aufrechtes und seitenrichtiges Bild entsteht.
19 »Kann man mit einem Fernglas astronomisch beobachten?«

Pulsar
Sehr schnell rotierender Neutronenstern, der zu beiden Seiten der magnetischen Achse starke gebündelte Synchrotronstrahlung aussendet, die mit der Rotation in regelmäßigen Abständen, wie bei einem Leuchtturm, über den Beobachter streicht.
10 »Lebensweg der Sterne«

Pulsationsveränderlicher
Veränderliche Sterne, die sich in einem ständigen Wechsel zwischen Kontraktion und Ausdehnung befinden. Dabei ändern sie ihre Größe und Oberflächentemperatur und daran gekoppelt ihre Helligkeit.
12 »Sterne sind nicht immer gleich«

Quasar
Quasistellare Radioquellen, die innerhalb der Gruppe der Aktiven Galaxien zu den leuchtstärksten Objekten gehören. Aufgrund ihrer sehr großen Entfernung von teilweise mehr als 10 Milliarden Lichtjahren werden die Quasare als sternförmige Lichtquelle wahrgenommen.
15 »Sind alle Galaxien gleich?«

Radiant
Punkt am Himmel, aus dem die Meteore eines Meteorstroms zu kommen scheinen.
8 »Sternschnuppennacht im August«

Reflektor, Spiegelteleskop
Teleskop, das mit Hilfe eines Spiegels das Licht sammelt und in einem Brennpunkt vereinigt.
21 »Welche Teleskoptypen gibt es?«

Reflexionsnebel
Interstellare Wolke aus Staub und Gas, die durch in der Nähe stehende Sterne erhellt wird und nicht selbst leuchtet.
48 »Portrait: die Offenen Sternhaufen M45 und h+chi«

Refraktor, Linsenteleskop
Teleskop, das mit Hilfe einer Linse das Licht sammelt und in einem Brennpunkt vereinigt.
21 »Welche Teleskoptypen gibt es?«

Rektaszension
Koordinate im Äquatorsystem, entspricht den Längengraden auf der Erde.
1 »Und sie dreht sich doch«

Rektaszensionsachse
Achse, die bei einer parallaktischen Montierung auf den Himmelspol gerichtet ist.
22 »Die verschiedenen Teleskopmontierungen«

Relativzahl
Maßeinheit für die Stärke der Sonnenaktivität, die sich aus der Anzahl der sichtbaren Sonnenflecken und Sonnenfleckengruppen zusammensetzt.
42 »Sonnenflecken beobachten«

Rotation, gebundene
Rotationsdauer, bei der sich ein Himmelskörper während eines Umlaufs um einen anderen Himmelskörper genau einmal um seine eigene Achse dreht. Im System Erde – Mond vollzieht der Mond eine gebundene Rotation
3 »Die Gesichter des Mondes«

Rotationsveränderlicher
Doppelstern in einem besonders eng zusammenstehenden System, dessen Komponenten sich so stark anziehen, dass sie sich elliptisch verformen. Die Helligkeit schwankt dadurch periodisch während ihrer Rotation.
12 »Sterne sind nicht immer gleich«

Riese
Stern mit einer vielfachen Ausdehnung im Vergleich zur Sonne.
10 »Lebensweg der Sterne«

Satellit
Künstlicher Flugkörper, der einen Planeten oder Mond auf einer elliptischen oder kreisförmigen Umlaufbahn umrundet.
40 »Satelliten – künstliche Lichter am Himmel«

Schmidt-Cassegrain-Teleskop (SCT)
Spiegelteleskop, welches zusätzlich zum – mit einer zentralen Öffnung versehenen – Hauptspiegel am vorderen Ende des Tubus ein Linsenelement, die Korrektorplatte, besitzt. Der Okularauszug befindet sich im Gegensatz zum Newton-Spiegelteleskop am hinteren Ende des Tubus. Der Fangspiegel des Schmidt-Cassegrain-Teleskops ist mittig in die Korrektorplatte eingelassen.
21 »Welche Teleskoptypen gibt es?«

Schwarzes Loch
Kompaktes Objekt, aus dessen Gravitationsfeld selbst Licht nicht entweichen kann. Der Sternrest einer Supernova, der mehr als etwa die dreifache Sonnenmasse besitzt, kollabiert unter seiner eigenen Schwerkraft auf einen Punkt und wird zum Schwarzen Loch. In den Kernen Aktiver Galaxien finden sich extrem massereiche Schwarze Löcher.
10 »Lebensweg der Sterne«

Schweif
Ausprägungsform von Kometen. Man unterscheidet den von der Sonne weg gerichteten Gasschweif und den gekrümmt erscheinenden Staubschweif. Kommt ein Komet auf seiner Umlaufbahn der Sonne näher als die Marsbahn, wird seine Koma durch den Strahlungsdruck und den Sonnenwind »weggeblasen«.
9 »Kometen: Vagabunden im Sonnensystem«

Seeing
Grad für die Luftunruhe der Atmosphäre, verursacht durch Turbulenzen und Windströmungen. Mit dem bloßen Auge erkennbare Anzeiger für das Seeing ist die Szintillation.
32 »Wird es klar heute Abend?«

Sonnenfilter
Spezielles Glas oder Folie für die Sonnenbeobachtung, der das Licht der Sonne so stark abdämpft, dass eine ungefährliche Beobachtung mit dem bloßen Auge oder Teleskop möglich ist.
25 »Sichere Sonnenbeobachtung«

Sonnenfinsternis
Ereignis, bei dem sich der Neumond für eine kurze Zeit vor die Sonne schiebt. Der Mondschatten trifft dabei die Erdoberfläche und verursacht eine Verfinsterung.
7 »Sonne und Mond im Dunkeln«

Sonnenflecken
Dunkle Stellen in der Photosphäre der Sonne, die aufgrund ihrer geringeren Temperatur gegenüber der umgebenden Sonnenoberfläche dunkler erscheinen.
5 »Warum leuchtet die Sonne?«

Sonnenprojektion
Methode zur Beobachtung der Sonne. Dabei ist eine weiße Projektionsfläche hinter dem Okular am Teleskop befestigt, auf die das ungefilterte Bild der Sonne in der Art eines Diaprojektors projiziert wird.
25 »Sichere Sonnenbeobachtung«

Sonnensystem
System mit der die Sonne im Zentrum und alle durch ihre Anziehungskraft an sie gebundenen Planeten, Zwergplaneten und Kleinkörper.
4 »Das Sonnensystem – die Heimat unserer Erde«

Sonnentag, mittlerer
Zeitspanne zwischen zwei mittleren Höchstständen der Sonne am Standort des Beobachters. Der mittlere Sonnentag dauert genau 24 Stunden. Er ist ein Durchschnittswert aus den Schwankungen der wahren Sonnenzeit und bildet die Grundlage unserer alltäglichen Uhrzeit.
2 »Der Sonnenlauf am Himmel«

Sonnentag, wahrer
Zeitspanne zwischen zwei Höchstständen der Sonne am Standort des Beobachters. Der wahre Sonnentag ist nicht immer gleich lang, da sich die Sonne auf ihrer scheinbaren Bahn am Himmel im Sommer langsamer und im Winter schneller bewegt.
1 »Und sie dreht sich doch«

Sonnenwind
Ständiger Strom von elektrisch geladenen Teilchen wie Elektronen und Protonen, der von der Sonne ausgestrahlt wird.
*6 »Eine Polarlichtnacht«***Sonnenzeit, mittlere**
Zeit am Standort des Beobachters, bezogen auf den mittleren Höchststand der Sonne. Sie gleicht bei 15° östlicher Länge der Mitteleuropäischen Zeit (MEZ), für jeden Längengrad westlich sind 4 Minuten zu addieren, für jeden Längengrad östlich sind 4 Minuten zu subtrahieren.
1 »Und sie dreht sich doch«

Sonnenzeit, wahre
Zeit am Standort des Beobachters, bezogen auf den tatsächlichen täglichen Höchststand der Sonne. Die Abweichungen gegenüber der mittleren Sonnenzeit betragen bis zu 20 Minuten.
1 »Und sie dreht sich doch«

Spektralklasse
Einteilung der Sterne nach Farben und Spektrallinien, die einen Rückschluss auf physikalische Eigenschaften wie z.B. die Oberflächentemperatur ermöglicht.
11 »Die Farben der Sterne«

Spektrallinien (Emissionslinie, Absorptionslinie)
Helle oder dunkle Linien im Spektrum, deren Lage charakteristisch für das emitierende oder absorbierende Atom oder Molekül ist.
11 »Die Farben der Sterne«

Spektroskopischer Doppelstern
Doppelsterne, die am Himmel so eng zusammen stehen, dass sie visuell nicht zu trennen sind und nur über Veränderungen in ihren Spektren erkannt werden können.
11 »Die Farben der Sterne«

Spiegelteleskop
siehe Reflektor

Stacking
Überlagerung von bis zu mehreren tausend Einzelbildern mittels einer speziellen Software,
um das Bildrauschen zu verringern. Das Bildrauschen geht um einen Faktor zurück, der der Wurzel aus der Anzahl der Einzelaufnahmen entspricht.
39 »Mit der Kamera auf Planetenjagd«

Star-Hopping
Technik zum Auffinden von Deep-Sky-Objekten. Mit Hilfe von Sternkarten »hüpft« man ausgehend von

einem markanten Stern weiter von Stern zu Stern bis zum gewünschten Ziel.
35 »Wie finde ich Himmelsobjekte mit dem Teleskop?«

Staubschweif
siehe Schweif

Sternassoziation
Gruppe von 100 bis 1000 Sonnen mit ähnlichen physikalischen Eigenschaften, die sich über ein größeres Raumgebiet verteilen und deshalb nicht so dicht wie Offene Sternhaufen sind.
14 »Haufenweise Sterne«

Sternbild
Anordnung von Sternen, die ein markantes Muster bilden und mit gedachten Linien zu einer bestimmten Gestalt verbunden werden. Es gibt genau 88 Sternbilder.
28 »Das erste Sternbild«

Sterntag
Zeitspanne zwischen zwei Höchstständen eines Sterns am Standort des Beobachters.
2 »Der Sonnenlauf am Himmel«

Strichspuren
Figur auf einer länger belichteten Fotografie, die nicht der scheinbaren Bewegungen der Sterne nachgeführt wird.
38 »Die ersten Astrofotos«

Sublimation
Direkter Übergang eines festen Stoffes in einen gasförmigen Zustand.
9 »Kometen: Vagabunden im Sonnensystem«

Summenbild
Addition von in der Regel mehreren hundert bis mehreren tausend Einzelbildern z.B. einer Webcam durch eine spezielle Software. Durch Mittelung der Einzelbilder wird das Rauschen vermindert und die Schärfe des erzeugten Summenbilds enorm gesteigert.
39 »Mit der Webcam auf Planetenjagd«

Supererde
Exoplaneten, deren Masse kleiner als etwa 10 Erdmassen ist. Aufgrund ihrer geringen Masse ist anzunehmen, dass diese Planeten eine feste gesteinsförmige Oberfläche ähnlich unserer Erde besitzen.
18 »Gibt es noch eine andere Erde?«

Superhaufen
Verbund von Galaxienhaufen, die durch ihre Gravitation aneinander gebunden sind. Die Superhaufen bilden die größten Strukturen des Universums.
17 »Wie entstand das Universum?«

Supernova
Explosion am Ende der »Lebenszeit« eines massereichen Sterns, bei der seine Leuchtkraft für eine kurze Zeit um das Milliardenfache zunehmen kann. Sie treten auch in Doppelsternsystem mit einem Weißen Zwerg auf, der soviel Materie von seinem Partner aufsammelt, das explosionsartig Kernfusion einsetzt.
10 »Lebensweg der Sterne«

Synchrotonstrahlung
Elektromagnetische Strahlung, die entsteht, wenn Teilchen mit nahezu Lichtgeschwindigkeit entlang von Magnetfeldlinien spiralförmig beschleunigt werden.
10 »Lebensweg der Sterne«

Szintillation
Mit dem bloßen Auge erkennbares Flackern der Sterne, verursacht durch Turbulenzen in der Atmosphäre (Seeing).
32 »Wird es klar heute Abend?«

Teleskopisches Sehen
Fähigkeit, z.B. feine Details bei Planeten oder lichtschwache Strukturen bei Deep-Sky-Objekten wahrnehmen zu können. Regelmäßige Beobachtungen mit dem Teleskop und die Übung von verschiedenen Beobachtungstechniken wie indirektes Sehen oder Field Sweeping steigern dies.
37 »Das »richtige Beobachten«

Terminator
Grenze zwischen der Tag- und Nachtseite von Monden und Planeten.
41 »Sightseeing auf dem Mond«

Terrestrischer Planet
Planet aus vorwiegend festen Bestandteilen und schalenförmiger Struktur, der im Aufbau unserer Erde ähnlich ist.
44 »Mars: Wüste in Rot«

Tierkreis, Tierkreisternbilder
Sternbilder, durch die die Ekliptik verläuft. Im Laufe eines Jahres wandert die Sonne auf Ihrer scheinbaren Bahn am Himmel durch die 12 Sternbilder des Tierkreises: Widder, Stier, Zwillinge, Krebs, Löwe, Jungfrau, Waage, Skorpion, Schütze, Steinbock, Wassermann und Fische. Zusätzlich durchläuft sie das Sternbild Schlangenträger.
2 »Der Sonnenlauf am Himmel«

Tierkreiszeichen
Begriff aus der Astrologie, die den Tierkreis in zwölf gleich große Tierkreiszeichen mit jeweils 30° langen Abschnitten aufteilt. Die Tierkreiszeichen sind nicht deckungsgleich mit den Tierkreissternbildern.
2 »Der Sonnenlauf am Himmel«

Totalitätszone
Maximal etwa 300km breiter Bereich, in dem die Sonne während einer Sonnenfinsternis vollständig vom Mond verfinstert wird.
7 »Sonne und Mond im Dunkeln

Transparenz
Klarheit oder Durchsicht des Himmels. Je weniger Staub und Feuchtigkeit sich in der Atmosphäre befinden, desto transparenter ist der Himmel.
32 »Wird es klar heute Abend?«

Treibhauseffekt
Erwärmung der Atmosphäre eines Planeten durch bestimmte Gase (insbesondere Kohlendioxid CO_2 und Wasserdampf)
43 »Venus: Morgen- und Abendstern«

Tubus
Meist aus Metall bestehendes Rohr, das die Funktion eines Trägers für die bilderzeugenden Elemente, der Linse eines Linsenteleskop oder dem Spiegel eines Spiegelteleskops hat.
21 »Welche Teleskoptypen gibt es?«

Umkehrlinse
Linse, die zwischen Okularauszügen und Okular montiert wird, und das Bild des Teleskops umkehrt. Damit werden Erdbeobachtungen möglich.
23 »Sinnvolles Zubehör für das Teleskop«

Universum
Das Weltall mit all seinen Objekten.
17 »Wie entstand das Universum?«

Untere Konjunktion
Position eines Planeten innerhalb der Erdbahn, in der er sich zwischen Erde und Sonne befindet.
43 »Venus: Morgen- und Abendstern«

Urknall (engl. Big Bang)
Theorie vom Beginn des Universums in einer Art »Explosion«, bei der Raum und Zeit entstanden.
17 »Wie entstand das Universum?«

Veränderliche Sterne
Sterne, deren Helligkeit sich aufgrund bestimmter Eigenschaften und Bedingungen regelmäßig oder unregelmäßig verändert.
12 »Sterne sind nicht immer gleich«

Vergrößerung
Faktor, um das das im Teleskop entstehende Bild mit Hilfe eines Okulars vergrößert wird. Die Vergrößerung wird durch die Wahl der Okularbrennweite bestimmt.
20 »Was kann ein Teleskop?«

Vollmond
Von der Erde aus voll beleutete Mondscheibe. Zur Vollmondphase stehen sich Sonne und Mond gegenüber, d. h. in Opposition.
7 »Sonne und Mond im Dunkeln«

Wasserstoff
Chemisches Element mit dem Elementsymbol »H«s (lateinisch hydrogenium), häufigstes Element im Universum.
5 »Warum leuchtet die Sonne?«

Webcam
Einfache digitale Kamera mit niedriger Auflösung von meist 640 × 480 Pixeln, die üblicherweise über die USB-Schnittstelle an einen Computer angeschlossen werden kann.
39 »Mit der Webcam auf Planetenjagd«

Weißer Zwerg
Sehr kleiner Stern von etwa Erdgröße, der sich nach Abstoßen der äußeren Gashülle aus einem Roten Riesen entwickelt. Er besitzt keine eigene Energieproduktion mehr.
10 »Lebensweg der Sterne«

Weißlicht
Teil des Sonnenlichts, den man mit den Augen wahrnimmt. Im Weißlicht sieht man die Photosphäre, auf der z.B. die Sonnenflecken erkennbar sind.
25 »Sichere Sonnenbeobachtung«

Zenit
Punkt am Himmel, der sich genau über dem Beobachter befindet.
30 »Wie groß sind die Sternbilder am Himmel?«

Zenitprisma, Zenitspiegel
Glasprisma oder Spiegel, lenkt den am Teleskop austretenden Lichtstrahl um 90° ab, so dass bei Teleskopen mit Einblick am hinteren Ende des Tubus eine Beobachtung auch in Zenitnähe bequem möglich ist. Die Abbildung wird dabei gespiegelt.
23 »Sinnvolles Zubehör für das Teleskop«

Zwergplanet
Himmelskörper unseres Sonnensystems mit ausreichend Masse, um sich zu einer kugelförmigen Gestalt zusammenzuziehen. Im Unterschied zu Planeten ist seine Umlaufbahn jedoch nicht frei von weiteren Objekten.
4 »Das Sonnensystem – die Heimat unserer Erde«

Bildnachweis

Alle Grafiken und Fotos: Oculum-Verlag mit Ausnahme von:

Bildagentur Astrofoto: 28-1
J. Banisch: 25-1
Celestron: 26-1
P. Cinzano: 33-1
L. Dieterle: 16-1
T. Edelmann: 3-3, 41-1
ESO/M. Kornmesser: 18-1
R. Fienberg/TravelQuest/Wilderness Travel: 7-2
I. Frenzel: 1-2
T. Edelmann: 3-3, 41-1
O. Henze: 13-2
F. Möller: 22-3
NASA: 4-2
NASA/JPL: 8-1
N. Schmidt: 38-3
P. Oden: 39-1, 39-2
M. Sawo: Titel
Skywatcher: 22-2
L. Spix: 19-1, 19-2, 19-3, 19-4, 20-2, 37-1, 38-2, 40-2, 41-2, 42-2, 44-1, 45-1, 46-2, 47-2, 47-3, 48-2, 48-3, 49-2, 49-3, 50-2, 50-3, 51-2, 52-2
S. Voltmer: 9-1, 10-2, 10-3, 13-2, 42-1, 51-3, 52-3
M. Weigand: 5-1, 9-2, 10-1, 14-1, 14-3, 20-1, 27-1, 38-1, 40-1, 43-1, 44-2, 45-2, 46-3
P. Wienerroither: 12-1, 12-2, 14-2

Impressum

3. verbesserte Auflage

E-Mail: info@oculum.de, Internet: www.oculum.de

Autor: Lambert Spix, Lektorat: Jan Hattenbach, Ronald Stoyan

 ISBN 978-3-938469-92-7